오늘날은 밤은 잊어버린 세상이다. 아니 밤하늘이 없는 세상이라 해야 하겠다. 밤은 없고 낮만 존재한다. 인공의 빛이 밤이 주는 포근한 어둠을 삼켜버렸기 때문이다. 그 인공의 빛이 사람들의 뇌를 점령하였기 때문이다.

주위를 둘러본다. 그러면 더욱 놀라운 풍경이 들어온다. 낮마저 잃어버린 군상들이 도처에 깔려 있다. 기차, 버스는 물론 학교, 카페 심지어 집에서조차 낮과 밤이 주는 자연의 숨결을 외면한 군상들. 심지어 걸어 다니는 함몰된 군상들이 거리를 헤매기도 한다. 손에는 저마다 이름하여 휴대전화(흔히 스마트폰으로 부른다)가 달려 있다. 열차 객실을 본다. 낮인데도 커튼을 닫고 휴대전화에 중독된 군상들이 남이 만들어 놓은 덫에 걸려 로봇처럼 웅크린 채 앉아 있다. 별들의 아름다움을 논하기에는 너무도 거리가 먼 우리들의 자화상이다. 태양 빛마저 외면하는 현재의 모습에서 과연

"과학을 이야기하고 자연의 아름다움을 전하는 것이 무슨 의미가 있을까?"
라고 자문한다.

아니다!

이 세상, 인류의 역사는 다수가 아니라 앞을 읽는 선지자들이 이끌며 만들어 왔다.

지구를 살리고 인류에게 희망과 기쁨을 줄 수 있는 미래의 젊은 과학자들에게 이 책이 거울이 된다면 큰 기쁨이겠다.

그림 0.1 밤하늘. 지상의 인공 빛과 하늘의 자연 빛. 별똥들이 빛을 내며 비처럼 쏟아지고 있다. @문 창범

이 책은
자기 자신을 돌아보며,
낮에는 해의 존재와 빛의 따스함을 느끼고,
밤에는 가끔 밤하늘을 쳐다보며,
밤이 주는 숨소리를 들을 수 있는
깊은 사람들을 위한
샘물 보따리
이다.

부디 보따리를 풀어보기 바란다.

2020년 4월 지은이 문 창범

가속기에 얽힌 과학

별과
원소와
그리고
생명 탄생
이야기

문 창범

☆ 청문각

차례
CONTENTS

여는 글

우리는 살아있는 생명체다. 오늘날 지구는 생명체가 탄생할 수 있는 최적의 조건을 갖춘 행성으로 평가받는다. 그리고 생명체의 출현은 지구에서의 복잡한 대기환경을 거친 결과로 본다. 그러한 대기의 환경 변화는 태양에너지를 받아야만 가능하다. 그렇다면 생명의 탄생은 오로지 태양의 존재로부터 시작된다.

다음 그림을 보자.

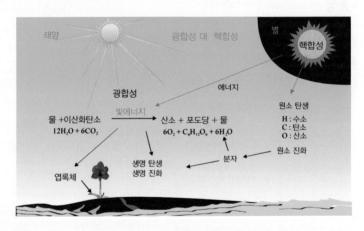

그림 0.2 광합성 과정과 핵합성. 광합성은 식물이 태양에너지를 받아 동물에게 필수적인 산소와 포도당을 합성하는 과정이다. 핵합성은 별들에서 일어나는 원소제조 과정이다.

지구에서의 생명 탄생에 대한 명확한 과학적 설명은 아직도 명확하지는 않다. 그럼에도 불구하고 태양에너지에 의한 분자들의 화학반응에 따른 특수 분자형성이라는 기본 골격은 변하지 않은 진리로 받아드린다. 그리고 광합성에 의해 생물의 다양성이 전개되었다. 즉 태양에너지가 생명 탄생의 씨앗이며 밑거름이라는 의미이다.

태양에너지는 핵합성이라는 물리적 반응을 거치면서 나오는 방사선

덩어리를 말한다. 태양은 별의 일종이다. 이러한 핵합성은 밤하늘에 보이는 숱한 별들에서 다양하게 일어난다. 그리고 에너지들과 합성된 원소들이 우주 공간을 떠돌며 지구와 같은 천체에 쌓인다. 우리 몸을 이루는 탄소, 산소, 철은 물론 심지어 금도 별들에서부터 온다.

이 책은 이러한 원소들의 고향인 별들의 탄생과 죽음을 그려나가면서 별들에서 일어나는 핵합성을 지구에서 만드는 과정의 이야기를 담는다. 지구에서 별들의 원소합성 과정을 만드는 것이 곧 입자 가속기이다. 그것도 중이온 가속기라고 하는 특수 가속기에 의해 이루어진다.

우리나라에서도 조만간 중이온 가속기가 설치되어 운영될 예정이다.

이 가속기가 가동에 들어가면 핵합성을 일으켜 우주의 역사, 별의 일생, 원소들의 기원은 물론 원자핵들의 기묘한 성질과 그에 따른 에너지 방출 등에 대한 연구가 시작된다. 이 자리를 빌어 가속기 건설에 매진하는 '중이온가속기건설구축사업단'의 노력과 열정에 힘찬 박수를 보낸다. 아울러 여기에 등장하는 희귀동위원소 빔 생산 중이온 가속기에 대한 각종 자료 제공에 고마움의 말을 전한다.

이제부터 가속기에 대한 사전 정보와 함께 관련된 과학 이야기를 시작한다.

먼저 밤하늘을 본다.

1장

우주와 별

1.1 별세계

밤에 거리를 나서면 빛들이 우리를 감싼다. 밤이란 하루 중 저녁이 되어 햇빛이 사라지고 어두운 때이지만 이제 그 어둠은 도회지에서는 사라지고 말았다. 어둠이 사라지자 밤하늘이 사라졌다. 밤하늘이 사라지자 별들이 사라졌다.

별, 별, 별.

밤에 찬란한 별들을 보며 소원을 빌던 사람들도 이젠 사라지고 없다. 그 사라진 사람들 속엔 우리도 들어 있다. 밤을 잊었기에.

여기 밤을 잊은 사람들에게 밤을 찾아 주는 길에 나선다. 잃어버린 것이 아니라 잊어버렸기에 그 잊은 것을 찾아 다시 밤하늘을 찾고 별들을 보듬고 우리들의 생명의 고향을 찾는 길이다. 그림 1.1과 같이 가족이 모여 밤하늘을 쳐다보며 별들과 함께 합창을 하자.

우선 우리 조상들이 그 토록 사랑하고 아꼈던 별무리 '북두칠성'을 더듬자. 그림 1.2는 여름이면 어김없이 나타나는 밤하늘의 별들의 모습이다. 조금만 신경 쓰면 북쪽에 별 일곱 개가 국자처럼 모여 있는 것을 볼 수 있을 것이다. 이 북두칠성은 사실상 동양에서 죽음을 관장하는 신으

그림 1.1 밤하늘의 별들을 보며 기쁨을 나누는 가족.

여름밤(8월 말 9시경) 별들의 모습

그림 1.2 일 년 중 팔월 말 밤 9시경 우리나라에서 보이는 밤하늘 풍경. 수많은 별들이 점점이 박혀 있다. 이곳엔 북두칠성은 물론 남두육성 그리고 견우와 직녀도 들어 있다.

미자르

알골

그림 1.3 북두칠성. 위에서 여섯 번째 별 옆에 작은 별이 거의 붙어 있는 것이 보일 것이다. 옛 날 아랍에서는 병사들의 눈의 좋고 나쁨을 시험했던 별이다. 즉 맨눈으로 이 두 개의 별을 볼 수 있으면 그 눈은 아주 좋다고 판명을 하였다.

로 여겨졌다. 그래서 우리 조상들은 집안의 안녕과 자식의 건강을 비는 마음으로 이 북두칠성을 그토록 섬겼었다. 인간은 물론 동물들조차 자기나 가족의 생명을 지키는 것은 생명을 잇는 자연의 섭리작용이다. 그림 1.3을 보면 사실 북두칠성은 멋지게 생겼다. 누가 보더라도 '아름답다' 할 것이다. 이 글을 읽다보면 겉으로 드러나는 자연의 겉모습에서 아름다움을 보는 것이 아니라 자연의 속 모습에서 아름다움을 보는 것이 과학이라는 사실을 깨닫게 된다.

1.2 별자리: 인류의 문화유산

별자리에 대해선 많이 들어보고 또 어떤 것이라는 것은 알고 있을 것이다. 우리가 흔히 이야기하는 별자리는 우리 것이 아니라 서양 세계가 중동의 역사까지를 포함시켜 만든 서양 문화의 단편이다. 그림 1.4는 앞

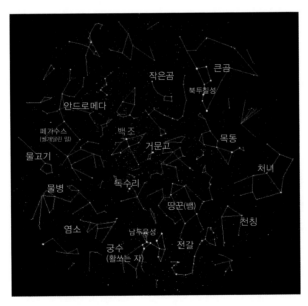

그림 1.4 앞에서 나온 별들을 이리저리 선으로 연결한 모습. 이른바 별자리를 나타낸다. 아쉽게도 서양이나 중동에서 발생한 신화를 바탕으로 이루어진 것이다. 북두칠성은 곰 자리에서 곰의 등을 이루고 있다. 작은 곰 자리 으뜸별이 북극성이다. 남두육성도 표시하였다. 남두육성은 북두칠성과 대비되는 신으로 생명을 관장한다.

에서 나온 여름 밤 별에 대한 별자리를 나타낸다. 우리 인간이 만들어 낸 일련의 상상도를 보여주고 있다. 이 상상도는 밝은 이웃 별들을 묶어 특정의 동물들과 특정의 인간상들의 모습을 나타내고 있으며 고대인들의 전설과 신화를 담고 있다. 이러한 별들의 묶음 그림을 별자리, 즉 성좌도(星座圖; Star Constellation)라고 부르며 고대 유럽과 아라비아(오늘날의 중동 아시아)인들에 의해 만들어진 인류의 문화유산 중 하나이다. 물론 동양(중국)에도 동양신화에 따른 성좌도가 존재한다. 그러나 위와 같은 서양 별자리에 비해 현실적인 면에서 미흡하여 제대로 알려져 있지 않다.

고대인들은 이와 같은 별자리들이 계절, 즉 시간에 따라 나타나는 위치가 다르고 또한 태양의 위치가 같은 위치에 나타나는 시간, 다시 말해 1년의 주기로 변한다는 사실을 알게 되었다. 이것이 태양력의 발생을 가져오며 농사는 물론 인류의 역사가 1년 주기로 기록되는 원천이 되었다. 물론 오늘날은 태양이 중심에 있고 그 주위를 지구가 돌고 있다는 사실은 누구나 알고 있다. 그런데 인간은 하늘에 나타난 별들의 모습 중 태양이 지나가는 길에 나타나는 별자리들을 특히 주목하게 된다. 지구가 밤이 되었을 때 지구가 도는 원의 위치에 따라 일 년을 주기로 별들이 나타나는데 이를 황도 12궁이라고 한다.

그림 1.5는 일 년 중 봄, 여름, 가을, 겨울의 특정의 날들에서 나타나는 밤하늘을 12궁의 별자리로 나타내 본 것이다. 그림을 보면 이러한 별자리들은 계절에 따라 자리를 바꾸고 있음을 알 수 있다. 물론 태양을 도는 지구의 공전 운동 때문이다. 만약 게자리가 밤에 나타나면 그 대칭에 있는 염소자리는 낮에 태양의 길을 따라 흐른다. '게'를 지나면 하늘의 왕 '사자'가, 그 다음으로 '처녀자리'가 이어진다. 사실 봄의 별자리 중 가장 화려한 것이 사자, 처녀 그리고 목동자리이다.

그림 1.6이 이러한 서양식 황도 12궁의 모습이다.

위와 같은 별자리들은 서양 역사에 있어 점성술과 접목되어 인간의 삶을 지배하는 역할을 하기도 하였다. 특히 이러한 황도대에 불규칙하게 나타나는 별들이 있는데 사실 별이 아니라 태양계에 속하는 행성

그림 1.5 계절별로 나타나는 황도 12궁의 별자리들. 우리나라에서 쳐다본 밤하늘이다.

들로-화성, 수성, 목성, 금성, 토성-떠돌이 별(wandering stars)이라고
도 한다. **간혹 행성이 아닌 혹성이라고 부르는데 이는 일본사람들이 잘
못 정한 용어를 무분별하게 가져다 쓰는 결과에서 비롯**된다. 아마도
wandering을 wondering으로 잘못보아 이름을 붙인 듯하다. 정식 영어
명칭은 Planet-그리스어로 떠돈다(방랑하다)는 뜻-이다. 이러한 행성들
의 출현은 우리가 속한 동양에서도 중요한 사건으로 취급된다.

황도 12궁 별자리 중에서 남쪽에 있는 궁수자리를 보자. 이 영역은 우
리 은하의 중심부분이다. 궁수자리는 소위 반은 사람이고 반은 말의 형
상을 한 형상으로 화살을 쏘는 모습으로 나온다. 서양에서 나오는 신화
를 바탕으로 하는데 사실상 그 옛날 말을 아주 잘 타고 활을 잘 쏘는 동

그림 1.6 서양 별자리 중 황도 12궁의 모습. 여름인 경우 회색 영역이 초저녁에 보이는 별자리들이다.

양인이 서양을 침범했던 상황을 그리고 있다. 그림에서 말의 방향과 궁수(사람)의 방향이 반대임을 주목하기 바란다. 자세한 것은 삼간다. 그런데 이 궁수자리에 바로 남두육성이 있다.

　이곳에서 재미있는 사실이 나온다. 그림 1.7을 보자. 구름처럼 보이는 것은 우리 은하 중심의 별들에서 나오는 빛이다. 워낙 수효가 많아 구름처럼 보인다. 그런데 이 궁수자리 별자리에서 특정의 별을 묶어 보면 서로 다른 문화적 특성이 나타난다. 하나는 동양에서 만든 여섯 개의 별들로 이루어진 '남두육성', 다른 하나는 7개로 엮어 만든 찻주전자이다. 이 글을 읽고 있는 독자들은 또 다른 형태의 자기만의 기호를 만들어 보기 바란다. 어디에도 없는 자기만의 얼굴을 그리는 것이 곧 창조의 첫 걸음이며 남의 것에서 종속되지 않는 문화와 기술을 만들어내는 길이다.

　여기서 핵심적인 결론이 나온다. 이러한 별들의 주기적인 운행이 우

그림 1.7 우리 은하의 중심. 별자리로는 궁수자리에 속한다. 동양문화에서 창조한 남두육성의 모양과 서양문화에서 만든 찻주전자의 모양을 비교하자.

주 속에 포함된 질서에서 나오며 결국 이러한 질서를 알아내고자 노력한 결과 과학이 탄생하게 되었다는 사실이다. 오늘날의 현대문명을 이끌어 낼 수 있는 토대가 완성 되는 계기가 된 것이다. 특히 지구상에서의 별들에 대한 정확한 위치 정보는 대항해 시대를 열 수 있는 주춧돌을 제공하여 전 지구적인 문화, 과학, 기술의 전파가 이루어지게 된다. 오늘날과 같은 과학의 탄생은 위와 같은 별들의 **관찰**은 물론, **측정**과 함께 실험에 의한 자연현상의 재현과 그 운동의 원인을 밝혀내는 과정에서 비롯되었다. 그런데 여기서 이러한 과학의 출발은 "자연의 질서는 신 (God)에 의해 이루어졌다"는 신념에 의해 비롯되었다는 사실이다. 대단히 흥미로운 일이라고 할 수 있다. 자연의 질서가 신의 존재를 증명하는 수단으로 이어진 것이다. 이와 반면에 동양, 즉 우리를 비롯한 중국과 일본의 천문에 대한 문화와 역사는 과학과는 다른 방향으로 갔다. 그러면 서양과 동양의 별자리는 어떻게 다를까? 그림 1.8을 보자.

그림 1.8을 보면 동양 별자리는 서양과는 다르다. 동양 별자리는 사람이 살아가는 사회, 특히 지배자의 조직과 일치시키는 방향으로 만들어졌다. 인간 사회뿐만 아니라 모든 생물에서 가장 두드러진 현상이 생명의 이어짐이다. 생명체의 진화는 사실상 암컷과 수컷의 짝짓기에 의한 자손의 번식 방법에 따라 이루어졌다. 동물이든 식물이든 특색 있는 모양과 각기 다른 생식 방법 등은 주어진 환경에 따라 유전자 번식의 효율

동양 별자리

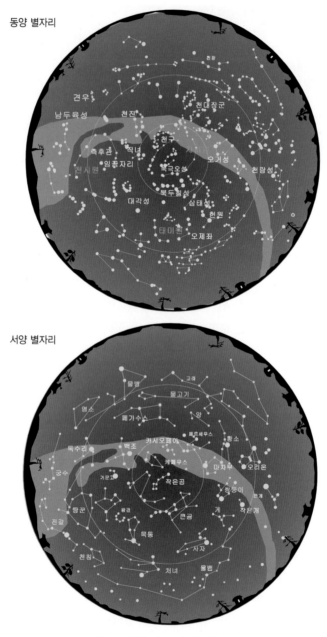

서양 별자리

그림 1.8 동양 별자리와 서양 별자리.

성을 얻기 위해 태어난 결과이다.

인간의 역사에서도 마찬가지이다. 우선 자기 자신과 함께 가족의 생명을 어떻게 하면 안전하게 지키고 또 오래 살 것인가에 의한 투쟁이라고 해도 과언이 아니다. 물론 이 과정에서 가장 중요한 것이 종족 번식임은 두말할 나위가 없다. 그런데 생명을 위협하는 것은 한두 가지가 아니다. 특히 자연 현상에 의한 위협은 도저히 인간으로서 해결할 수 있는 것이 아니었다. 그 중에서도 가뭄과 홍수는 반대의 자연 현상이면서 가장 위협적인 존재이다. 이에 따라 지배자들이 가장 중요하게 여겼던 것이 가뭄이 일면 비를 내리게 하는 행사, 홍수가 나면 비를 그치게 하는 행사였다. 여기서 또 하나 중요한 자연 현상에 대한 신화가 등장하게 된다. 곧 구름과 바람이다. 구름은 물론 비를 내리게 함과 동시에 과하면 홍수를 일으키는 존재로, 바람은 자연의 노여움으로 받아들인 존재이다. 이러한 자연현상에 대한 매개체들이 하늘에도 새겨진다.

1.3 별들의 합창

다시 한번 별자리로 돌아가자. 서양이 아닌 우리의 조상들이 걸었던 별자리를 보고 우리가 잃어버린 역사와 문화를 더듬어 새로운 길을 가는 계기로 삼고자 한다.

그림 1.9를 보면 은하 중심에서 재미있는 옛날 상상력이 드러난다. 그것은 농사와 깊은 관련이 있는 이름들이다. 은하 중심의 두꺼운 부분을 물이 풍부한 우물로 생각하여 하늘못으로 하여 가뭄 때 대비하는 곳으로 설정을 한 점이 두드러진다. 그곳에서 나오며 하늘내(天江)가 흐른다. 사실 현재 '물'이라는 단어는 무르, 미르, 미리, 메르 등으로 발음될 수 있는데 옛날에는 미리로 발음되어 '미리내'라고 불렀다. 은하수를 이렇게 부른 것이다. 서양에서는 젖줄(Milky Way)이라고 하는데 한자로는 은하수(銀河水;수은의 강)라고 하는 것 등 비슷한 점이 많다. 가뭄이 들면 우는 하늘북(天鼓)의 설정도 농사의 중요성을 말해주고 있다. 사람이 살아가는 데 먹을 것만큼 중요한 것이 없기 때문이다. 또 하나 재미있는

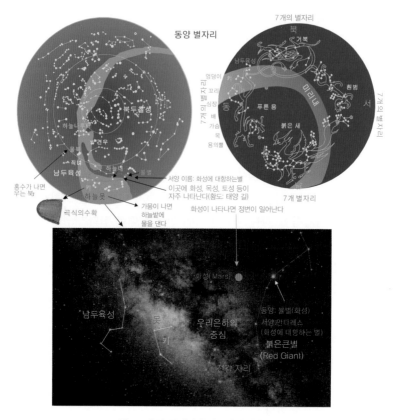

그림 1.9 은하 중심과 우리들의 별자리 신화.

별자리가 있다. 그것은 '키' 자리이다. 키는 보리나, 쌀 등의 알곡을 불릴 때 사용되는 농사 도구로 알곡의 찌꺼기를 걸러낸다. 이러한 별자리 설정은 키 자리는 농사의 풍년을 의미한다. 왜냐하면 쌀이나 보리 등을 수확하여 마무리를 하는 과정이기 때문이다. 우리나라에서는 어린 자식이 밤중에 오줌을 쌀 경우 키를 머리에 씌워 이웃 동네를 돌게 하는 풍습이 있었다. 전갈자리 으뜸별의 이름을 안타레스라고 한다. '화성에 대항하는 자'라는 뜻이다. 종종 이 근처에 화성이 나타나는데 화성도 붉게 빛나 안타레스의 붉은색과 대비되기 때문이다. 안타레스는 대표적인 붉은큰별(적색거성; Red Giant)에 속하는 거대별이다. 동양에서는 화성이 안타레스 근처에 출현하면 정변이 일어날 조짐으로 생각하였다. 동서남북 각각에는 용, 범, 새, 거북 등을 내세워 집안의 안녕과 행복을 빌며 많은 신화를 만들어 낸다.

이제 다시 과학으로 돌아가자.

과학 특히 순수 자연과학은 기본 현상에 대한 연구를 주제로 하며 자연계를 지배하는 타당한 법칙을 찾아내는 학문이다. 연구의 주제는 시대에 따라 변화해 왔지만 그 기본과 연구 접근은 바로 **관찰, 측정, 실험**이며 이 기본은 시대를 뛰어넘는다. 관측과 실험을 위한 고도의 정밀한 기기들의 창안이 곧 오늘날 현대문명 시대를 연 첨단정보기기들의 출현을 가져다 주었다. 현미경, 망원경 등을 우선 떠올리자.

우리에게 익숙한 북두칠성이 현대과학으로 어떻게 변화를 일으키는지 보자. 그림 1.10은 지금의 북두칠성과 10만 년 전 그리고 10만 년 후의 모습이다. 왜 변할까? 사실은 북두칠성에 있어 가운데 다섯 개의 별은 같이 태어난 식구들이다. 이러한 별들을 별무리(cluster)-한자로 성단(星團)-라고 부른다. 분석한 바로는 나이가 약 30억 년이다. 가장 대표적인 별무리가 겨울날 황소자리 바로 옆에서 보이는 플레이아데스 별무리이다. 북두칠성인 경우 밖의 두 개의 별은 지구에서 보았을 때 다섯 개의 별무리와 같은 곳에서 관측되는 다른 식구의 별들이다. 따라서 많은 시간이 흐르면 다섯 개의 별들이 함께 움직이며 이동하여 현재와는 다른 모양을 갖는다. 이 별들의 독립된 궤도 운동에 의해 그 모양이 바뀌게 되는 것이다. 별들이 움직이고 태어나고 사라지고 하는 일생이 있을 줄이야 그 옛날 사람들이 알았겠는가? 카메라 역할을 하는 측정기기들의 발달에 따른 현대과학이 낳은 놀라운 자연의 모습이다.

여기서 주제로 하는 가속기, 즉 입자 가속기가 그 역할을 담당하는 가장 중요한 측정기기 중 하나이다. 별의 격렬한 몸부림을 재생시키고 우리 몸을 형성하는 원소를 만들어 내며 태양 에너지를 만들며 우리들에게 별의 탄생과 죽음 그리고 우주의 신비를 밝혀주는 역할을 한다. 이러한 과정에서 과학자들은 우리 너머에 있는 별들의 집단을 찍고 별들의 탄생 순간을 포착하고 별들이 죽는 최후의 순간까지도 촬영을 한다. 우

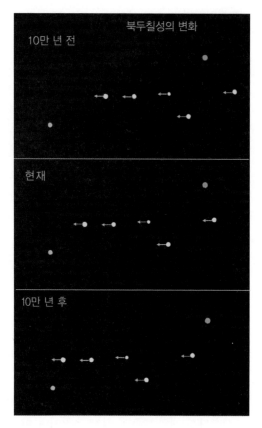

그림 1.10 북두칠성과 별무리(성단)의 이동. 가운데 다섯 개의 별들은 같이 태어난 가족이며 화살 방향으로 떼를 지어 이동 중이다. 초속 29 km로 움직인다.

선 우주의 역사부터 간략하게 알아보자.

1.4 우주의 탄생

지구상에서 생명이 탄생할 수 있었던 것은 생명에 필요한 원소들이 존재했기 때문이다. 예를 들면 유기체에 반드시 포함되는 탄소(C), 대기 중의 산소(O), 피(혈액)에 함유되어 있는 철(Fe) 등이 대표적이다.

"이러한 원소들은 어디에서 왔을까?"라는 의문이 곧 생명의 근원을 추구하는 길과 같으며 생명의 근원을 탐구하는 것은 인간의 지적 탐험 중 가장 숭고하고 원초적인 활동 중의 하나라고 하겠다. 그렇다면 별들은 어떻게 태어났을까?

우주는 영원히 존재하는 것일까?
아니면 그 탄생이 있었을까?

이러한 의문과 질문은 자연스레 우주의 기원으로 거슬러 올라가게 된다. 오늘날 우주는 그 탄생이 있었던 것으로 받아드려지고 있다. 그리고 그 우주(현재의 우주)의 탄생을 대폭발, 즉 **빅뱅(Big Bang)**이라고 부른다. 여기서 그 우주(현재의 우주)라고 부르는 것은 현재의 우주가 탄생되었다면 빅뱅 이전에는 현재와는 다른 우주가 존재했던가? 아니면 빅뱅을 일으킨 씨앗은 무엇인가? 하는 끝없는 존재의 물음으로 이어지기 때문이다. 결론적으로 말한다면 현재의 우주, 정확히는 빅뱅 이전과 그 순간의 상황은 상상조차 할 수 없는 미지의 영역이다.

우리 은하는 약 2천억 개의 별들로 이루어진 소우주의 하나이다. 그림 1.11에서 보이는 안드로메다 은하 역시 우리 은하와 같은 소우주의 하나이다. 우주에는 이러한 소우주인 은하 집단이 무려 다시 1천억 개가 있는 것으로 알려지고 있다(그림 1.12). 물론 관측된 범위 내에서의 숫자이다. 상상을 초월하는 규모이다. 그렇다면 우주에도 역사가 있을까? 시초가 있었을까?

이미 앞에서 말했지만 우주의 역사는 대폭발(빅뱅) 이론에 의해 설명된다. 빅뱅 이론에 의하면 우주는 지금으로부터 약 140억 년 전에 대폭발에 의해 형성되었다고 한다. 대폭발이 있고 난 후 우주는 계속 팽창하고 있다.

더욱이 최근에 초신성의 밝기의 변화를 분석해본 결과 현재의 우주는 약 50억 년 전부터 그 팽창이 가속화되고 있다는 것이 밝혀졌다. 즉 초신성 빛을 관찰하여 분석한 결과 우주에는 끌어당기는 중력과는 반대인 밀어내는 암흑 에너지가 존재하며 이로부터 팽창이 가속화된다는 것이다. 현재 암흑 에너지는 암흑 물질과 함께 그 존재는 인정받고 있으나

그림 1.11 안드로메다 은하(銀河, Galaxy). 우리 은하와 비슷하게 생겼으며 약 2배의 크기를 가지고 있다. 새끼 은하 2개를 가진 것도 닮았다. 앞의 별자리 지도에서 안드로메다자리에 있으며 약 200만 광년 떨어져 있다.

그 정체는 밝혀지지 않았다. 중력과는 반대인 척력을 일으키는 암흑 에너지의 정체를 밝혀낸다면 우주의 탄생과 그 운명이 명확히 밝혀질 것으로 예견되고 있다. 그렇다면 우주는 앞으로 계속 팽창만 거듭할까? 우주는 어떻게 진화하고 어떠한 운명을 맞이할 것인가?

  그런데 우리 은하와 가장 가까이 있는 안드로메다 은하가 사실은 멀어지는 것이 아니라 우리에게 가까워지고 있다는 사실이 밝혀졌다. 우주의 팽창에 따르는 것이 아니고 그 반대로 행동하는 것이다. 어떻게 된 일일까? 우리 은하는 물론 안드로메다 은하는 별들이 소용돌이치면서 운동하고 있다. 은하도 회전한다는 뜻이다. 태양계를 보자. 지구를 기준으로 삼아 지구보다 안쪽에 있는 행성들과 바깥쪽에 있는 행성들의 속도를 비교해보면 어떠한 결과를 볼 수 있을까? 그것은 안쪽에 있는 행성들일수록 빠르다는 결론이 나온다. 중심에 태양이 있어 상대적으로 중력이 세고 그에 대한 구심력이 강해야 하기 때문이다. 그렇다면 은하에 있어서도 중심부일수록 중력이 강하고 그 결과 안쪽에 있는 별들일

그림 1.12 우리 은하와 같은 은하들이 뭉쳐 있는 은하단의 모습.

수록 회전 속도가 빨라야 한다. 그러나 그렇지 않다는 관측 결과가 나왔다. 안쪽이나 바깥쪽이나 대략 초속 200에서 300 km로 나왔기 때문이다. 즉 모든 별들이 거의 같은 회전속도(보통 각속도라고 정의를 내린다)로 돈다는 사실이다. 이것은 마치 놀이터의 회전판에 있는 것과 같다. 어디에 있든 도는 속도가 같기 때문이다. 왜 이런 현상이 나올까?

이것은 안드로메다 은하에 있어 질량이 중심부에 치우쳐져 있지 않다는 의미이다. 따라서 별 이외의 보이지 않는 물질, 그것도 중력을 유발하는 물질이 존재해야 한다는 결론이 나온다. 이른바 '암흑 물질(dark matter)'이라고 불리는 수수께끼 같은 물질의 존재 이유이다. 사실 이러한 암흑물질의 존재는 현재 우주에서 발견되는 은하들의 존재와도 직결된다. 즉 발견된 은하들과 그 별들의 질량만으로는 현재의 우주 형태를 유지할 수 없다는 것으로 판명되었기 때문이다. 그러면 암흑물질의 정체는 무엇인가? 물론 아직까지는 밝혀진 것이 없다. 더욱이 중력과는

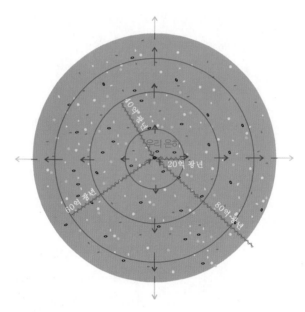

그림 1.13 우주의 팽창. 우리 은하를 중심으로 바라본 현재의 우주의 모습이다. 각각의 점들은 우리 은하와 같은 소우주를 이루는 은하들을 나타낸다. 우리 은하로부터 20억 광년 떨어진 은하로부터 나온 빛은 20억 년 걸려 도착한다. 이러한 빛들은 우주의 팽창과 함께 파장이 변하여, 즉 파장이 길어져서 빨간색으로 이동되어 관측된다. 여기서 광년은 빛의 속도(초당 30만 km)로 일 년간 걸려 이동하는 거리이다. 태양은 지구로부터 1억5천만 km 떨어져 있으며 빛으로 약 8분20초 걸린다.

반대 세력인 암흑 에너지가 존재해야만 한다면 도대체 우주는 어떠한 구조로 되어 있는 거야? 하고 강하게 의문을 제기해야 할 판이다.

그전에 더 흥미로운 상황이 우리를 기다리고 있다. 그것은 우리 은하와 안드로메다 은하가 결국 충돌한다는 사실이다. 안드로메다가 가까이 온다는 사실은 안드로메다에서 오는 불빛을 관측한 결과이다. 이른바 청색으로 색이 편향된다는 사실이다. 도플러 효과라고 하는 것인데 자동차의 경적 소리가 가까이 올 때와 멀어질 때 그 주파수가 다르게 관측된다는 법칙이다. 가까이 다가오면 주파수가 높아지고 소리가 세어진다. 그와 반면에 멀어지는 경우 주파수가 늘어나면서 그 소리의 세기는 약해진다. 우주가 팽창한다는 사실도 이러한 원리에서 나왔다. 즉 거의 대부분 먼 은하들에서 나오는 빛들이 적(빨간)색으로 기울어져 관측이 되었다. 이는 주파수가 늘어났다는 의미이며 곧 멀어진다는 결론을 내릴 수 있다. 그러나 안드로메다는 그 반대로 나왔다. 어떻게 된 일일까? 사실 우리 은하에는 안드로메다 말고 다른 작은 은하들이 몇 개 더 모여 있다. 이른바 국부은하군이라고 부른다. 별들이 같이 태어나 모인 성단과 비슷하다. 앞에서 나왔던 북두칠성 그림을 다시 보기 바란다. 안드로메다와 우리은하가 이렇게 묶여 있는 은하이다 보니 중력 작용으로 서로 끌어당기며 가까워지고 있는 것이다. 물론 빛으로만 관측된 별들만의 질량으로는 끌어당기지 못하고 반드시 암흑물질이 존재해야만 이 사실이 설명될 수 있다. 따라서 이 결과로부터도 **암흑물질은 존재하여야 한다.**

그럼 언제쯤 우리은하와 안드로메다가 충돌할까? 계산에 따르면 40억 년 후 쯤이다. 그런데 서로 합쳐지는 것이 아니라 그냥 서로 통과한다. 왜일까? 이것부터 알고 가자. 왜냐하면 나중 나오지만 **원자의 크기와 핵의 크기 차이**에서 오는 물리적 상황이 별들의 진화는 물론 별의 구조를 파악하는 데 결정적 역할을 하기 때문이다.

태양은 가장 가까운 별과 얼마나 떨어져 있을까? 놀라지 마시라. 관측에 따르면 4.3광년이다. 1광년은 물론 빛이 1년간 이동 거리이다. 어마어마하게 먼 거리이다. 실제로 우리은하이든 안드로메다이든 은하 가장자리에 있는 별들의 평균 거리는 약 3광년 정도로 관측되고 있다. 그와 반면에 은하의 중심부 우리가 별들을 하나하나 셀 수 없을 정도로 밝게 빛나는 영역에서는 어느 정도 떨어져 있을까? 약 0.03광년이다. 2800억 km로 계산된다. 그림 1.14를 보자.

만약 별의 크기를 1 mm로 하면 중심부에 있는 별들이라 할지라도 무려 200 m 정도에 별이 있게 된다. '사실 상 텅 비어 있다' 해도 과언이 아니다. 중심부를 벗어난 팔 근처에서는 그 100배 거리를 두고 별들이 위치해 있다. 어떻게 생각하는가? 별들이 빽빽이 서로 붙어 있는 것으로 생각을 했는데 전혀 그렇지 않다는 사실을 두고. 우리은하와 안드로메다 은하 사이가 지금 200만 광년이라면 20만 광년의 폭을 가진 안드로

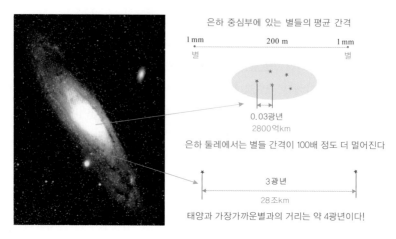

은하 중심부에 있는 별들의 평균 간격

1 mm   200 m   1 mm
별   별

0.03광년
2800억km
은하 둘레에서는 별들 간격이 100배 정도 더 멀어진다

3광년
28조km
태양과 가장가까운별과의 거리는 약 4광년이다!

그림 1.14 안드로메다 은하와 별들 간의 거리.

메다 은하인 경우 약 20개가 들어서면 꽉 차게 된다. 물론 우리은하가 10만 광년의 폭을 가졌다면 약 20개가 들어갈 거리이다. 이러한 결과는 은하와 은하들이 모여 있는 은하단에서는 은하들이 아주 가깝게 모여 있고 이와 반면에 은하를 이루는 별들은 너무도 멀리 떨어져 분포하고 있다는 모습이 나온다. 여러분들이 생각했던 그림과는 완전히 반대일 것이다. 과학은 이런 것이다.

그러면

"우리은하와 안드로메다가 충돌하면 어떻게 될 것인가?"에 대한 질문에 답해보자.

답은 **"그냥 지나간다!"**

이다.

왜냐하면 별들의 사이가 너무도 멀기 때문이다. 충돌할 확률이 0에 가깝다. 그러나 두 은하는 서로 멀리 떨어질 수는 없다. 어느 정도 지나면 50억 년 후쯤 되면 다시 모이며 충돌한다. 그리고 60억 년 후에 비로소 하나로 된다. 그러나 구조가 바뀐다. 별들 간에 있는 성간 물질들이 서로 합쳐지면서 별들을 새로이 생산하고 안에 있는 별들도 고르게 분포되면서 둥그런 타원 은하가 되는 것이다. 이러한 타원 은하는 우주에

두 은하가 접근하여 충돌하더라도 별들끼리 부딛칠
확률은 거의 없다.

그림 1.15 우리은하와 안드로메다가 접근하는 모습. 약 40억 년 후 1차 접촉이 일어날 것으로
예측되고 있다.

서 많이 관측된다.

자! 여러분들이 주인공이 되어 우주의 탄생과 진화의 비밀을 풀어보기 바란다. 위와 같은 별들의 모습에서 아름다움을 보고 또 은하와 은하 간의 충돌에서 흥미로움을 느끼는 것으로 끝난다면 우리에게 무엇이 남겠는가? 그저 남들, 서양 과학자들이 이룩해 놓은 것을 바라만 보면서 그 열매만 따 먹어서는 아니 될 일이다. 입자 가속기, 그것도 중이온 가속기가 여러분을 위와 같은 자연의 비밀을 파헤치는 데 그 도구 역할을 해줄 수 있다. 한국에 건설되어 가동이 될 희귀동위원소 중이온 가속기가 곧

별의 내부를 들여다보고, 우주의 공간을 뒤지며, 원소 탄생의 순간을 포착하고 찍는 현미경, 망원경, 카메라 역할을 한다.

그건 그렇고 우주의 탄생과 그 과정은 물론이고 별들의 탄생과 원소 합성 등의 비밀을 파헤치려면 단단히 준비해둘 것이 있다. 이름하여 힘의 법칙이다. 자연에 존재하는 힘의 종류와 그 작용 그리고 매개 입자들이다.

1.5 자연계의 힘

우주의 기원을 이야기하고 그 과정을 설명하기 위해서는 자연 속에 존재하는 '힘'을 알지 않으면 아니 된다. 자연계에는 물질의 운동과 상호작용을 결정하는 기본적인 힘이 존재한다. 이러한 힘들은

중력(重力; Gravitational Force)
전자기력(電磁氣力; Electromagnetic Force)
강력(强力; Strong Force)
약력(弱力; Weak Force)

등이다. 어쩔 수 없이 이해를 돕기 위해 영어는 물론 한자까지도 병기하였다.

중력은 고대로부터 알려진 힘이며 **질량**(Mass)을 갖는 두 물체 사이에 인력으로 작용하는 힘이다. 지구와 같은 천체 크기에 비로소 그 영향을 알 수 있는 힘이며 천체의 운동이 이러한 중력에 의해 지배된다. 보통 만유인력 법칙으로 알려진 힘이다. 두 물체 사이 거리의 역 제곱으로 힘의 크기가 변한다. 이러한 중력은 네 가지 기본 힘 중에서 가장 약하다. 중력법칙과 물체의 운동에 대한 **뉴턴의 운동법칙**은 모든 과학의 기반을 이룬다.

전자기력은 자연 현상에 있어 번개, 벼락, 자석 등으로 나타난다. 여기서 전기와 자기를 묶어 전자기력이라고 하는 것은 전기와 자기는 같은 종류의 힘이며 그 힘을 전달하는 데는 빛(광자), 즉 전자기파이고 빛은 일종의 전자기파임을 밝혀졌기 때문이다. 다시 말해 전기력(전기장)과 자기력(자기장)은 현상만이 다를 뿐 같은 성질의 힘이라는 것이다. 여기서 같은 성질의 힘이라고 하는 것이 **전하**(Charge)라고 하는 물질 고유의 성질에서 나온다. 흔히 화학에서 다루는 이온이 전하의 속성에서 나오며 양이온과 음이온이 있듯이 전하에는 양전하와 음전하가 존재한다. 그런데 질량과는 다르게 이러한 전하는 기본단위 크기로 존재하는데 그 기본단위를 갖는 입자가 원자를 이루는 전자와 양성자이다.

가속기를 이해하는 데 필수적인 힘이다.

그림 1.16은 전자기력 특히 전기적인 힘을 이해시키기 위해 도입된 수소 원자 모형이다. 아울러 중력과의 닮은 점과 차이점을 비교하기 위해 태양과 지구의 태양계도 그려 넣었다.

수소원자의 핵은 오로지 양성자 하나로 이루어져 있으며 양성자는 양전하의 기본 값을 가지며 그 주위를 도는 전자는 음전하의 기본 값을 갖는다. 원자들의 성질은 원자핵과 전자들과의 전기적인 상호작용에 의한 결과라고 할 수 있다. 그런데 여기서 반드시 언급하고 넘어가야 할 중요한 점이 있다. 그것은 원자 속에서의 전자들의 운동에 대한 것이다. 오늘날의 양자역학 이론에 따르면 전자는 입자이면서도 파동적인 성질을 가질 수 있으며 태양 주위를 도는 지구와 같은 결정된 궤도를 따라 운동하는 것이 아니라 원자핵 주위를 **구름과 같이 확률적인 분포**를 이루며 운동한다는 사실이다. 이렇게 미시적인 세계─원자 혹은 분자와 같이 눈으로는 볼 수 없는 극미의 세계─에서의 입자들의 운동은 우리가 경험하는 운동과는 다르다는 점을 강조해 둔다. 또한 **전자기력은 원자들의 성질뿐만 아니라 원자들이 결합된 분자결합, 원자들의 집합체인 결정이나**

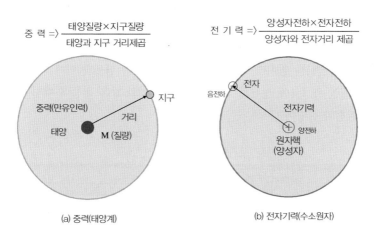

(a) 중력(태양계)　　　　　(b) 전자기력(수소원자)

그림 1.16 중력과 전(자)기력의 비교. 중력과 전기력은 두 물체 사이의 거리의 제곱에 역비례하는 공통점을 가지고 있다. 중력은 두 물체의 질량의 곱에, 전기력은 두 물체의 전하의 곱에 비례한다. 여기서 양성자와 전자는 전하라고 하는 기본 단위의 주체이다. 하나, 둘씩 셀 수 있는 기본 값을 가진다.

액체 등의 성질에 직접 관여되는 힘이다. 더욱이 오늘날 우리가 사용하고 있는 전기에너지는 물론 통신에 이용되는 전파(엄밀하게는 전자기파) 등도 모두 전자기력을 이용한 것이다. **가속기 역시 이 힘을 사용하여 입자를 가속시키는 장치**이다.

네 가지 힘 중 나머지 두 종류는 20세기에 들어서야 알려진 힘들이다. 즉 **양자역학**이라고 하는 현대물리학의 탄생으로 알려진 힘들이다. 1932년도에 들어서 원자핵은 양성자와 중성자로 이루어져 있으며 원자를 이루는 전자의 결합력에 비해 무려 수백만 배의 크기로 결합되어 있음이 밝혀지게 되었다. 이러한 강력한 결합력을 강한핵력 혹은 강력이라고 부르게 되었다. 강력을 1로 보았을 때 전자기력은 1/137이다. 그리고 중력은 전자기력에 비해 무려 10^{40}배 이상 약하다. 강력은 오늘날 원자력발전에 쓰이는 에너지로 쓰인다. 여기서 강한 핵력의 의미는 네 번째 힘인 약한 핵력이 있기 때문이다. 이러한 약한 핵력을 약력이라고 부르는데 약력이라고 하여도 중력보다는 훨씬 강한 힘에 속한다. 약력의 크기는 강력에 비해 1/100000 정도이며, 전자기력에 비해서는 약 1/1000 정도이다. 이러한 약력은 원자핵의 변화, 다시 말해 방사성 붕괴에 관여되는 힘이며 중성미자에 의해 상호 작용되는 힘이다. 즉 방사성 동위원소들의 베타 붕괴를 유발하는 힘이다. 나중 **방사성 동위원소를 이해하는 데 직결되는 힘**이다. 이와 같은 네 가지 기본 힘들과 이에 관여되는 입자들을 표 1.1에 분류해 놓았다. 아울러 이와 같은 힘들에 대한 물리적 법칙과 설명이 나오는 곳도 표기했다.

표 1.1 자연계에 존재하는 네 가지 기본적인 힘들과 물리적 성질들.

기본 힘	상대적인 힘의 세기	작용 범위; 미터(m)	중요한 물리현상
강력	1	10^{-15}	원자핵 구성과 핵력
전자기력	10^{-2}	무한대	전자기파 발생
약력	10^{-5}	10^{-17}	원자핵 붕괴
중력	10^{-40}	무한대	천체 운동

여기에서 가장 중요하고 이해를 하여야 할 힘이 전자기력이다. 전기
힘에 대해서는 보다 자세히 설명을 하게 된다. 가속기의 원리는 물론 빛
의 속성, 원자, 분자, 물성 등의 성질을 알기 위해서는 반드시 전자기력
을 이해하여야 하기 때문이다. 편의를 위해 전자기력을 종종 '전기력'이
라고 표기하여 사용하기로 한다.

2장

과학이란

2.1 한국형 오목해시계와 과학

이제부터

'과학이란 무엇인가?'

라는 주제를 놓고 과학의 본질에 대하여 설명해 보이겠다. 우리나라에서 과학이라 함은 계산하고, 실험하면서 무엇인가 어려운 것만 파고드는 전문가 집단의 영역이라고 생각한다. 과학은 자연 속에 내재되어 있는 질서(order)와 규칙성(pattern)을 찾아내어 그 원인을 밝히는 학문이다. 따라서 우선적으로 규칙성과 이에 따른 자연의 현상을 이해하는 것이 무엇보다도 중요하다. 이때 규칙성 중 우리에게 가장 익숙하고 그 지배를 받는 것이 일 년이라는 시간의 주기성이다.

여러분들은 **앙부일구(仰釜日晷)**라는 해시계(그림 2.1)의 이름을 한번쯤은 들어 보았을 것이다. 초등학교 교과서에도 등장하기 때문이다. 이해를 돕기 위해 태양을 중심으로 하는 지구의 공전과 지구 자전축의 기울어짐에 의해 나타나는 주기적인 현상을 우리나라 고유 해시계인 앙부일구를 통하여 탐구해보기로 한다.

우리나라 고유 해시계 모델이 얼마나 뛰어난 과학적 발명품인지 알게

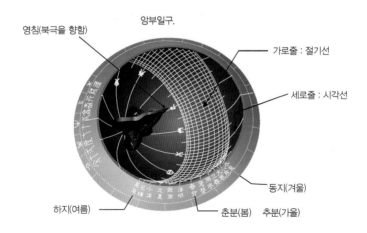

그림 2.1 앙부일구. 오목해시계이다. 세로줄은 하루의 시간을 나타내며 가로줄은 계절을 알려준다.

될 것이다.

조선시대의 대표적 해시계이며 솥 모양을 하고 있다고 하여 앙부일구라 하며 일종의 오목해시계이다. 특히 세종은 앙부일구를 공공장소에 설치하여 일반 백성들도 시간을 알 수 있도록 하였을 뿐만 아니라, 그 제작까지도 독려하여 공중해시계로 거듭날 수 있도록 하였다. 한마디로 오늘날의 손목시계와 같이 가장 사랑받았던 대중화된 해시계였다. 이제 이러한 앙부일구를 통하여 지구의 공전과 주기적인 운동인 진동운동과 어떻게 연관이 되는지 살펴보기로 하자. 우선 앙부일구의 구조부터 알아보기로 한다.

구조 및 원리

그림 2.1에서 보는 것처럼 반원형으로 되어 있으며 안쪽에 시각선(세로)과 함께 절기선(가로)이 표시되어 있다. 해 그림자를 만들어주는 이른바 영침(影針; 그림자 바늘)이 서울(옛날의 한양)의 위도 방향, 즉 37.5° 각도로 기울여 설치되어 있다. 위도에 따라 북극을 향하는 영침의 방향은 달라진다. 일반적으로 평면해시계의 시각선은 낮 12시를 중심으로 방사선 모양이 되는데, 앙부일구와 같은 오목해시계는 평행하게 등분되어 있다. 시간은 아침 6시(卯時)에서 저녁 6시(酉時)까지 측정 가능하도록 되어 있으며 시간 간격은 15분 단위로 알 수 있다. 절기선인 경우 가장 안쪽이 하지 가장 바깥쪽이 동지에 해당되며 24절기를 13개의 위선으로 나타내었다.

앙부일구와 지구의 공전 운동

그림 2.2는 앙부일구가 놓여져 있는 곳을 중심으로 삼은 천구의 모습이다. 현재 위치를 중심으로 했을 때 위쪽을 천정(Zenith)이라 부른다. 하지, 추분과 춘분 그리고 동지 때의 해의 일주 운동(실제적으로는 지구의 자전운동)을 나타내며 앙부일구에서의 영침에 의한 해 그림자가 시간 및 계절에 따라 어떻게 변화하는지를 쉽게 이해할 수 있다.

지구에 있어 계절의 변화는 지구의 자전축이 공전 축에 대하여 기울어져 있는 구조에서 나온다. 즉 그림 2.3에서 보는 것처럼 자전축은

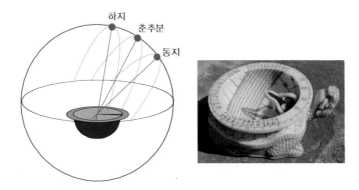

그림 2.2 앙부일구와 태양의 일주운동과의 관계. 오른쪽 사진은 실제로 태양빛이 앙부일구에 비친 모습이다.

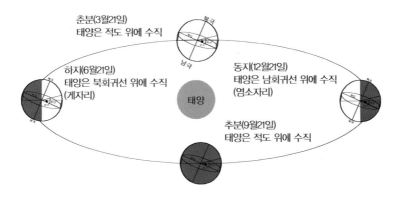

춘분(3월21일)
태양은 적도 위에 수직

하지(6월21일)
태양은 북회귀선 위에 수직
(게자리)

동지(12월21일)
태양은 남회귀선 위에 수직
(염소자리)

태양

추분(9월21일)
태양은 적도 위에 수직

그림 2.3 지구의 공정 운동과 자전축 기울기에 대한 계절의 변화.

공전 축에 대하여 23.5° 기울어져 있다. 지구가 적도에 비해 북쪽으로 23.5°에서 햇빛이 수직으로 내려쬐는 시기가 북반구에서는 하지에 해당된다. 하지가 지나 적도에 햇빛이 수직으로 비추는 시점이 추분이며 남쪽 23.5°에서 햇빛이 수직으로 비출 때가 북반구에서는 동지에 해당된다. 다시 남쪽 23.5°를 지나 적도에서 햇빛이 수직으로 비출 때 춘분이 되며 이후에는 북쪽 23.5° 되는 지점까지 수직이 되는 지점이 올라간다. 따라서 북위 23.5°를 북회귀선(Tropic of Cancer; 게자리) 남쪽 23.5°를 남회귀선(Tropic of Capricornus; 염소자리)이라고 부른다.

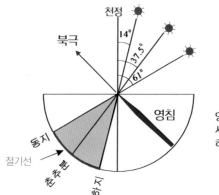

천정 ☀
14°
북극
37.5°
61°
☀
☀

영침

앙부일구 시반 중 절기선에
새겨지는 그림자의 영역은 동지와
하지를 오간다.

절기선
동지
춘추분
하지

그림 2.4 앙부일구와 절기선.

그림 2.4는 앙부일구와 하지, 춘추분 그리고 동지에 있어서의 태양의 위치와 그에 따른 영침에 의한 그림자의 위치를 나타낸다. 서울의 위도를 북위 37.5°로 잡았을 때 하지에는 서울에서 바라보는 천정에서 남쪽으로 14° 위치에 해당되며 춘추분 시에는 37.5° 그리고 동지에는 61° 되는 지점에 위치하게 된다. 이와 같이 앙부일구는 천문학적으로 보았을 때 지구의 운동에 의한 태양의 고도 변화를 가장 잘 나타내는 천문시계가 된다.

앙부일구와 단진자 운동

이번에는 과학적인 관점 중 주기운동에 대해서 논의해보기로 한다. 물리학에서 단진자(simple pendulum) 운동은 자연에서 일어나는 주기적인 운동을 기술하는 데 필수적인 모형이다. 벽시계의 시계추를 생각해보면 쉽게 이해가 될 것이다. 원자의 구조 및 원자 속에 포함되는 전자의 에너지도 이러한 단진자 모형으로 설명이 가능하다. 그림 2.5의 왼쪽은 앙부일구에서 계절선의 범위를 나타낸다. 하지 때에는 천정에 대해 14°, 춘추분 때는 37.5°, 동지 때에는 61°이다. 이때 이러한 계절 선은 전체각도로 47°가 되며 춘추분을 중심으로 23.5°이다.

이것을 간단한 단진자에 적용해보자(그림 2.5의 오른쪽). 그러면 이러

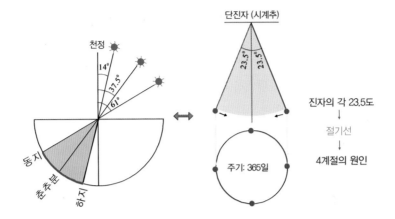

그림 2.5 앙부일구와 단진자 운동. 앙부일구에 나타나는 절기선의 그림자 운동을 단진자(시계추) 운동으로 나타낸 모습이다.

한 추는 중심에 대해 23.5°의 각도로 주기적인 운동을 하며 그 주기는 365일이 된다. 여기서 지구의 자전축이 공전 축에 비해 23.5° 기울어져 있는 것이 곧 계절 변화를 일으키는 원인이며 365일이라는 주기가 태양 주위를 도는 공전주기임을 알 수 있다.

2.2 자연의 규칙성과 주기성

이번에는 다른 관점에서 쳐다보자. 그림 2.6은 앞에서 소개한 지구의 공전 운동, 즉 태양계 안에서 태양을 중심으로 주기 운동하는 모습을 모형화한 것이다.

지구의 운동은 엄밀히 이야기하여 원운동이 아니지만 우선 원운동으로 가정하기로 한다. 이러한 원운동은 주기적인 운동의 하나로, 일정한 시간이 지나면 원래 출발점으로 되돌아오게 된다. 이를 주기 운동이라고 하며 시간적으로 일정한 간격을 **주기**(Period)라고 부른다.

그런데 이러한 원운동을 운동이 일어나는 평면(보통 *x*, *y*좌표로 나타냄)에서 어느 한쪽을 향해 쳐다보면(혹은 어느 한 축으로 물체의 그림자가 생기면) 직선의 주기적인 반복 운동으로 나타난다. 이러한 주기적인 반복 운동은 마찰이 없는 평면에서 용수철(spring)에 매달려 반복적으로 운동하는 물체의 운동 궤적과 같다고 볼 수 있다. 중력은 두 물체 사이에서 작용하는 힘으로 끌어당기는 힘, 즉 인력이며 우주 전체에 보편적으로 적용되는 힘이라고 이미 앞에서 설명을 하였다. 뉴턴의 중력 법칙을 적용하면 만유인력 법칙이라고도 부른다. 이러한 중력은 돌멩이를 끈에 매달아 돌릴 때 끈의 세기에 해당된다고 보면 이해가 쉽다. 끈이 끊어지면 돌멩이는 운동하던 방향, 즉 일직선(원의 접선 방향)으로 날아가 버리고 더 이상 원운동을 하지 못한다. 그런데 이렇게 용수철에 매달린 물체의 운동을 나타낸 이유는 이러한 용수철에 의한 주기적인 운동 모형이 **자**

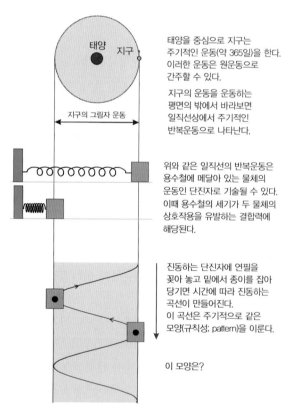

그림 2.6 지구의 공전 운동과 규칙성.

연 현상을 해석하는 데 중요한 역할을 하기 때문이다.

이러한 자연의 질서에 따른 주기적인 성질이 곧

원소의 주기율표, 원자핵의 주기율표, 별의 주기율표 등으로 나타난다.

지구의 주기적인 운동을 기술하는데 간단한 용수철 운동(단진자 모형이라고 부름)으로 주기적인 성질을 좀 더 깊이 있게 이야기해보자.

그림 2.6을 주목하기 바란다. 이제 단진동하는 물체에 연필을 꽂았다고 가정하고 그 밑에 종이를 넣고 물체가 운동하는 동안에 종이를 잡아당겼다고 하자. 그러면 물체의 움직임에 따른 궤적은 그림에서 보는 것과 같은 모양을 그리게 된다. 그런데 이러한 운동의 궤적은 수학에서 배우는 사인(sine) 혹은 코사인(cosine) 모양이 된다는 사실을 알 수 있다. 다시 말해 주기적으로 같은 모양을 그리며 나타나는데 이러한 이유로 사인 혹은 코사인 함수를 주기함수라고 부른다. **무엇인가 머리를 강하게 치는 느낌이 들 것이다.** 그렇다면 이러한 결과는 무엇을 의미하는 것일까? 그것은 다름 아니라

"자연 현상에서 나타나는 질서적인 운동과 이에 따른 규칙성은 수학적으로 기술될 수 있다는 것"

이다. 여기서 수학은 자연과학과 공학에서 기본 언어의 역할을 한다. 이것이 학교에서 수학을 배우는 진짜 이유이다.

규칙성(패턴)의 수식화와 과학 해석

이제 그림 2.7을 보자. 이와 같은 주기 운동은 중력에 의한 지구의 운동뿐만 아니라 원자에 있어서도 나타난다. 원자는 그 중심에 핵(核; 씨에 해당되는 한자말, nucleus)이 있고 그 둘레를 전자들(electrons)이 운동하고 있는 구조를 갖는다고 하였다. 이러한 원자 안에서 전자가 운동할 수 있는 힘의 원천은 중력이 아니라 핵과 전자 사이에 상호 작용하는 전자기력으로부터 나온다는 사실도 이미 설명을 하였다. 즉 원자핵의 양전하와 전자의 음전하 사이에서 작용하는 힘이다. 지구의 공전 운동은 지구와 태양계에서 중력에 의해 일어나며 그 주기는 일 년이라는 시간 단위로 나타난다.

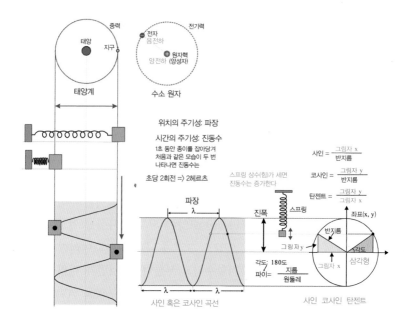

그림 2.7 태양계와 원자의 주기적인 운동. 위치에 대한 같은 모양의 거리를 파장, 시간에 대한 주기성을 초 당 회전으로 나타나는 규칙성을 진동수(주파수)라고 부른다. 그림에서 가로축(x)과 세로축(y) 좌표에서의 삼각형의 모양과 사인 혹은 코사인 곡선과의 관계에 주목하자.

이와 반면에 원자나 분자의 체계에 있어서는 전자의 전자기적인 에너지가 빛의 형태로 나오고 들어간다. 더욱 정확하게는 전자기파라고 부르는 형태로 에너지가 전달된다. 우리가 흔히 말하는 빛, 즉 가시광선(可視光線; 보이는 빛이라는 한자어, visible light)도 전자기파 중 하나이다. 보통 원자 수준에서는 에너지를 얻으면 가시광선보다 에너지가 높은 자외선이 나오며 분자 수준에서는 가시광선 또는 이보다 에너지가 낮은 적외선이 방출된다. 이러한 전자기파의 에너지는 사실상 원자나 분자의 핵인 양전하와 전자의 음전하 간의 진동 운동으로 나온다고 볼 수도 있다. 그리고 이러한 양전하와 음전하의 진동을 인위적으로 만들어 활용되는 것이 안테나이다. 그 결과 **라디오, TV, 위성 방송, 휴대전화 등의 송수신이 가능**하게 되었다. 그렇다면 이러한 빛의 운동을 기술하는 데는 어떠한 물리량이 필요할까? 주기적인 운동은 주기적인 함수로 표현될 수 있다고 하였다. 이때 주기적인 양을 나타내는데 시간의 주기성은 **진동수(frequency)**로 길이의 주기성은 **파장(wave length)**으로 기술된다. 진동수는 1초 동안 몇 번의 주기가 반복되는가 하는 양이며 파장은 주기의 길이에 대한 양이다. 진동이 빨리 일어난다면 그만큼 운동은 격렬해지며 이에 따라 운동 에너지는 높아진다. 따라서 진동수가 높으면 에너지가 높다고 할 수 있다. 이와 반면에 파장이 짧은 파가 파장이 긴 파에 비해 에너지가 높다. 용수철인 경우 용수철 세기가 이에 해당되며 과학적으로는 중력의 세기, 전기력의 세기에 대응되는 물리적인 양이다. 그리고 이러한 용수철의 세기가 분자들의 결합력과 직결된다.

2.3 에너지와 힘 그리고 운동

우리가 산에 올라갈 때면 힘이 든다. 왜 그럴까? 그것은 중력을 거슬러 올라가기 때문이다. 그림 2.8은 산과 산의 높이에 대한 등고선을 나타낸다. 물이 위에서 아래로 흐르는 것 또한 중력 때문이다. 그러나 같은 높이에서는 흐르지 않는다. 이때 높이에 대한 중력 에너지를 위치에너지라고 부른다. 그러나 공식적으로 **위치라는 학술 용어는 없다.** 정식적으로는 잠재적 에너지(potential energy)라고 한다. 여기서 potential은 겉으로는 드러나지 않지만 에너지를 머금고 있어 다른 형태의 모습으로 나타날 수 있다는 뜻이다. 물이 흐르면 이러한 물로 풍차를 돌려 에너지를 얻을 수 있다는 것을 상상하면 이해가 갈 것이다. 물론 어떠한 물건을 위에서 밑으로 떨어뜨리는 것도 같다. 이때 잠재적 에너지가 운동 에너지로 변환되었다고 한다. 여기에서는 '위치' 혹은 영어 번역인 '잠재적' 대신 그냥 '퍼텐셜'이라는 용어를 쓰기로 하겠다.

그런데 그림 2.8에서 등고선, 즉 등 퍼텐셜 에너지 곡선에 대하여 직각인 방향이 중요하다. 이러한 방향으로 물체들(물, 돌 등)이 움직이기 때문이다. 사실상 곡선에 대한 접선에 대하여 90도를 이루는 방향이다. 그리고 등고선 간의 간격을 유의 깊게 보기 바란다. 만약 간격이 촘촘하면 기울기가 급격하고 간격이 넓으면 기울기가 완만한 것을 나타낸다.

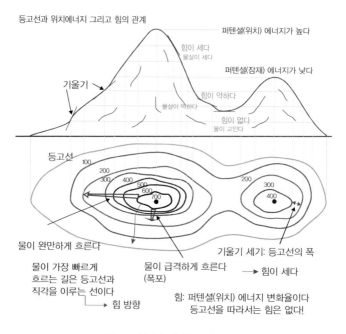

그림 2.8 산의 높이와 등고선의 의미.

우리는 경험적으로 기울기가 크면 오르기 힘들고 떨어지는 돌은 속도가 빠르다는 사실을 안다. 다시 말해 등 퍼텐셜 에너지 선에 직각으로 향하는 곡선이 바로 중력에 따른 힘의 크기를 나타낸다.

힘이란 또 무엇일까? 일상 생활에서도 우리는 에너지, 힘 그리고 가속도라는 말들을 자주 사용한다. 과연 과학적으로는 어떠한 의미를 가지고 있을까? 그림 2.9는 5층 정도의 아파트 옥상에서 떨어뜨린 사과가 땅에 떨어질 때까지 이동 거리를 시간적으로 측정한 그래프이다.

시간에 따라 측정된 거리를 살펴보자. 0.5초마다 사진을 찍어(오늘날 카메라로는 0.1초 간격도 물론 가능하다) 위치를 알아내고 이동거리를 재어 보자. 놀랍게도 0.5초마다 간 거리가 다르다. 그것도 증가한다. 만약에 시간과 이동거리에 대해 그래프를 그리면 오른쪽과 같은 곡선이 나온다. 이때 0.5, 1초, 1.5초. 2초 등의 점에서 곡선의 기울기를 보자. 기울기가 증가하고 그 증가되는 비율이 같다는 것을 알 수 있다. 시간당 이

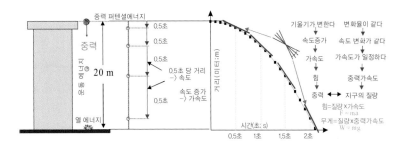

중력 퍼텐셜에너지

중력

지면에서 높이

20 m

0.5초
0.5초
0.5초
0.5초 당 거리
→) 속도
속도 증가
→) 가속도
0.5초

열 에너지

거리(미터:m)

기울기가 변한다   변화율이 같다
속도증가   속도 변화가 같다
가속도   가속도가 일정하다
힘   중력가속도
중력 ←→ 지구의 질량
힘=질량x가속도
F=ma.
무게=질량x중력가속도
W=mg

시간(초: s)
0.5초   1초   1.5초   2초

그림 2.9 20미터에서 떨어지는 물체의 자유 낙하 운동과 해석.

동거리를 속도라고 부른다. 그리고 이러한 속도가 변화할 때를 가속도
라고 부른다. 그러면 가속도가 생기기는 하는데 그 값이 일정하다는 결
론이 나온다. 이 가속도가 지구 중력에 따른 중력가속도이다. 과학(물리
학)자들은 위와 같은 곡선으로부터 지구의 중력가속도 값을 구한다. 그
리고 중력가속도 값으로부터 지구의 질량을 구한다.

**지구와 같은 어마어마한 무게를 가진 것도 마치 몸무게를 재듯이 측
정하는 것이다. 이때 측정기가 물리법칙(중력에 의한 만유인력 법칙)에 해
당된다. 이것이 과학의 힘이다.**

이러한 방법을 이용하여 지구는 물론 태양 심지어 우리 은하의 질량
까지도 알아낸다. 이 모든 것이 물리법칙, 특히 뉴턴에 의한 만유인력
법칙으로부터 나온다. 오늘날 우주 탐사 로켓트를 발사하여 달을 탐색
하고 먼 행성 까지 도달하게 하는 것 모두가 이러한 과학의 법칙에 따른
수학 계산에 의해서만 가능하다.

이제 조금 더 에너지와 힘 그리고 가속도와의 관계를 알아보자. 이미
중력에 의한 퍼텐셜 에너지는 앞에서 언급을 하였다. 옥상에서 떨어지
는 사과는 물론 움직인다. 이렇게 속도를 가지고 나타나는 에너지를 운
동에너지라고 부른다. 잠재되어 있던 퍼텐셜 에너지가 운동에너지로 변
한 것이다. 그리고 바닥에 떨어지면 산산조각이 나는데 모두 열로 변했
다면 열에너지로 변환되었다고 한다. 물론 산산이 조각난 조각들이 튕

겨져 나오는 운동에너지 등이 포함되어야 한다.

여기서 중요한 것이 힘과 가속도와의 관계이다. 힘이라 함은 어떤 물체에 작용하여 속도의 변화, 즉 가속도를 유발시키는 작용이다. 멈추어져 있던 사과를 손으로 쳐서 움직이게 한다면 속도가 0에서 출발하여 속도의 변화가 생겨나고 이때 손의 작용이 힘에 해당된다. 여기서 주의할 점은 사과가 멈추는 것은 사실상 사과와 바닥과의 마찰력 때문이라는 사실이다. 마찰력 역시 사과에 작용하여 속도의 변화를 일으키는 힘의 한 종류이다. 이러한 마찰력이 없다면 사과는 처음 힘을 받아 생긴 속도로 계속 운동을 한다. 흔히 이야기하여 멈추어져 있던 것은 계속 멈추어 있고 움직이고 있던 것은 그 상태로 움직이는데, 이 관계를 관성이라고 한다. 이러한 관성을 무너뜨리는 것이 힘이라 할 수 있다.

이제 그림 2.10을 보면서 중력이라는 힘과 전기력이라는 힘을 살펴보자.

질량을 가지는 물체(지구, 태양 등) 주위에는 중심을 향하는 힘의 마당이 존재하며 이를 중력장이라고 부른다. 중력은 질량을 가지는 두 물체 사이의 힘이며 무조건적인 인력으로 작용한다. 전기력은 전하에 의해 나타나며 전하의 부호에 따라 인력과 반발력으로 작용한다. 전하 주위에 중심을 향하여 나타나는 힘의 마당을 전기장이라고 부른다. 이러한 중력장과 전기장은 등 퍼텐셜 에너지 곡선과는 수직인 관계에 있다. 앞에서 다루었던 산과 등고선의 관계와 같다.

이제부터 실제적으로 전기적인 퍼텐셜 에너지와 전기력선을 직접 구해보는 실험을 하여보자. 그림 2.11이 등전위선을 구하는 실험 장치이다. 전원과 전극 역할을 하는 금속(일반적으로 구리 또는 구리합금)과 전압기(혹은 전류기)로 이루어져 있다. 사각형에는 전기를 통할 수 있도록 편리하게 물을 채워 넣는다. 이때 탐침기를 사용하여 전압이 일정한 선 혹은 전류값이 0일 때의 점을 표시한다. 여기서 전류가 0이 된다는 것은 두 개의 탐침이 등전위선에 있다는 뜻이다. 그러면 그림에 나와 있듯이 전극 근처에서는 원형을 따르지만 두 전극의 중간 지점에서는 거의 직선을 이룬다는 것을 알 수 있다. 이러한 선들이 등전위선이며 이러한 등

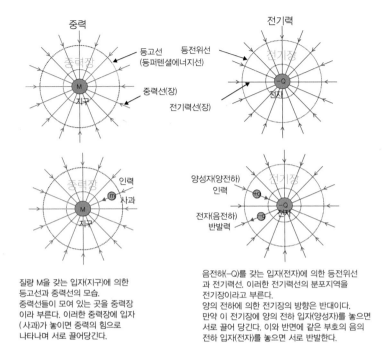

질량 M을 갖는 입자(지구)에 의한
등고선과 중력선의 모습.
중력선들이 모여 있는 곳을 중력장
이라 부른다. 이러한 중력장에 입자
(사과)가 놓이면 중력의 힘으로
나타나며 서로 끌어당긴다.

음전하(-Q)를 갖는 입자(전자)에 의한 등전위선
과 전기력선. 이러한 전기력선의 분포지역을
전기장이라고 부른다.
양의 전하에 의한 전기장의 방향은 반대이다.
만약 이 전기장에 양의 전하 입자(양성자)를 놓으면
서로 끌어 당긴다. 이와 반면에 같은 부호의 음의
전하 입자(전자)를 놓으면 서로 반발한다.

그림 2.10 중력과 전기력의 비교.

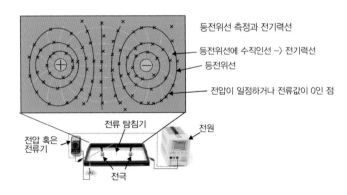

그림 2.11 등전위선을 구하는 실험 장치.

전위선을 따라 직각으로 그려지는 선들이 전기력 선에 해당된다. 이른
바 전기장의 방향이다.

보통 실험에서는 위와 같이 양극과 음극으로 된 경우만을 다룰 때가

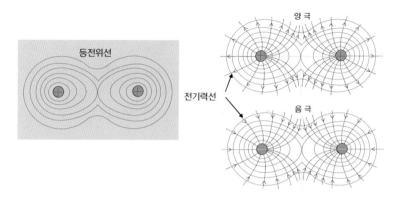

그림 2.12 전극의 부호가 같은 경우의 등전위선과 전기력선.

많다. 그러나 만약 같은 극 예를 들면 양극 또는 음극 두 개를 연결하여 위와 같은 실험을 하면 이번에는 그림 2.12와 같은 곡선을 얻는다. 그리고 곡선을 따라 직각인 선을 그리면 전기력선이 된다. 여기서 두 개의 음극을 택하여 실험을 한 것은 바로 중력과 유사한 점을 보이기 위해서다. 이러한 경우는 별들에 있어서 짝별계에서 볼 수 있다.

우선 양극으로 된 경우를 생각하자. 이러한 구조는 사실상 거의 모든 물질에서 찾아볼 수 있다. 왜냐하면 원자들이 모여 분자를 이루거나 원자들이 정렬하여 금속과 같은 재료를 형성하기 때문이다. 구리인 경우

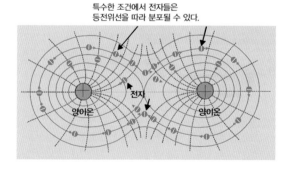

그림 2.13 두 개의 양전하에 의한 전기력선의 분포와 전자들의 운동. 양이온에 가까운 전자들은 전기력에 의해 붙잡힐 수 있으나 보다 바깥에 있는 전자들은 주위의 조건에 의하여 등전위선을 따라 운동할 수 있다.

구리 원자의 핵이 양이온으로 그 바깥을 자유롭게 운동하는 전자는 음이온으로 활동한다. 원자들의 결합 상태에 따라 달라지기는 하지만 간단하게 원자의 핵 주위를 도는 전자를 생각하자. 이때 전자들은 상황에 따라 등전위선을 타고 자유롭게 운동할 수 있다. 특히 고정된 영역 안에서 전자들이 거의 에너지를 소비하지 않고 돌아다닐 수 있다면 작은 에너지를 가지고서도 전류를 얻을 수 있게 된다. 이러한 재료를 소위 초전도체라고 부른다.

더 자세한 것은 생략하고 우리의 관심사인 하늘 천체로 다시 눈을 돌려보자. 일반적으로 초신성, 즉 별의 거대한 폭발은 두 개의 별로 이루어진 구조에서도 발생한다. 이러한 체계를 짝별계(binary system)라고 부른다. 이와 반면에 태양처럼 홀로 빛나는 별을 홑별계라고 한다. 사실 태양계에 있어서 목성인 경우 아주 특별한 존재이다. 왜냐하면 목성이 조금만 더 컸다면 자체적으로 빛을 발하는 다시 말해 내부에서 핵융합이 일어나는 두 번째 태양이 되었을 것으로 여겨지고 있기 때문이다. 그림 2.14를 보면서 앞에서 나왔던 두 개의 산과 이러한 짝별계의 유사점

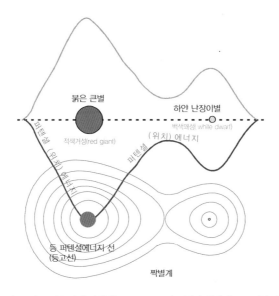

그림 2.14 별 두 개로 이루어진 짝별계(binary system). A별이 상대적으로 질량이 큰 별이다.

을 보자.

앞에서 그렸던 산을 거울이나 호수에 비추면 반대로 보인다. 이러한 반대 영상이 중력에 대한 실제적인 퍼텐셜 에너지의 곡선에 해당된다. 산에 대한 등고선은 사실 지구의 표면(정확히는 해수면)을 기준으로 하여 설정된 것으로 지구 중심의 중력을 고려하면 지구 표면에서 멀어질수록 중력에너지는 감소한다. 등고선의 개념은 이해를 돕기 위해 설정된 것으로 그 반대부호가 정확한 개념이다.

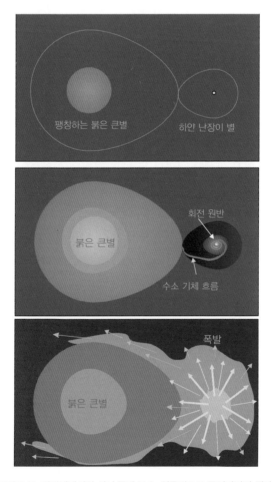

그림 2.15 짝별계에서의 신성 폭발 모습. 최종적으로 중성자별이 된다.

그림 2.14에서 만약 퍼텐셜 에너지 곡선에 공을 놓는다고 하면 당연히 밑으로 굴러 떨어질 것이다. 그리고 놓인 공의 처음 위치에 따라 A별혹은 B별에 다다르게 된다. 그런데 이러한 짝별계에서 흥미를 끄는 것이 한쪽이 붉은 큰별 다른 한쪽이 하얀 난장이별 혹은 중성자별인 경우이다.

짝별계에서 한쪽 친구인 큰별이 부풀어 오르면서 팽창하게 되면 수소기체 분포가 어마어마하게 커진다. 그런데 부풀어 오르는 데는 한계가 있다. 즉 이러한 수소기체 덩어리가 두 별의 공통 등 퍼텐셜 점에 이르면 흐름이 하얀 난장이별로 향할 수 있기 때문이다. 두 개의 별이 통할수 있는 구멍인 셈이다. 그러면 이러한 수소기체의 흐름이 하얀 난장이별로 흐르면서 높은 중력에너지가 점점 열에너지로 바뀌어 간다.

이러한 기체의 흐름은 빠른 회전을 동반하면서 하얀 난장이별 표면에 쌓이고 에너지는 계속 축적이 된다. 온도는 수백만, 수천만도까지 상승하게 되는데 결국 핵융합 반응이 급속히 진행되면서 수소보다 무거운원소들을 만들어 낸다. 최종적으로는 압력을 이겨내지 못하여 결국 폭발이 일어나며 강한 빛을 발한다. 이것이 신성 혹은 초신성의 출현이다(그림 2.15). 물론 이 과정에서 우리 몸을 이루는 원소들이 우주 공간에뿌려진다. 지구에 있는 원소들도 몇 십억 년 동안 태양계가 형성되는 과정에서 이러한 신성 혹은 초신성에서 만들어낸 원소들이 쌓이고 쌓인결과이다.

그림 2.16은 중성자별이 친구별(한자어로 동반성이라고 부름)로부터 쏟

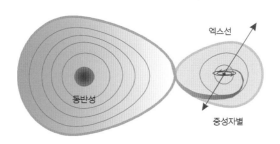

그림 2.16 중성자별의 탄생과 중성자별에서 나오는 엑스선.

아져 들어오는 기체를 받아 엑스선을 발하는 모습이다. 중성자별이 기체를 강하게 흡수시킬 때는 아주 빠른 회전 상태가 형성된다. 모두 전하 상태를 가진 플라즈마 기체이기 때문에 이러한 회전 상태는 필연적으로 전자기파인 빛을 방출시키게 된다. 중성자인 경우 그 회전 속도가 무척 빨라 아주 높은 에너지 빛에 해당되는 엑스선이 방출되는데 이 엑스선이 지구에서 관측되는 것이다. 전자를 회전시키면 엑스선이 나오는 현상과 같다.

한국에서 가동될 희귀동위원소 빔 생산 가속기 라온은 별들의 폭발 현상과 그에 따른 원소 합성 그리고 중성자별의 정체를 밝히는 데 주도적인 역할을 한다.

3장

주기율표 이야기

주기율표는 하나가 아니다!

일반적으로 주기율표하면 원소에 대한 주기율표만 있다고 생각한다. 그런데 주기율이란 무슨 의미일까? 먼저 '주기'. 자 하루 그리고 일 년을 생각하자. 하루는 우리가 사는 지구 자체가 돌아서 같은 자리로 돌아오는 시간이다. 즉 24시간을 주기적으로 돈다는 말이다. 흔히 한자말로 자전이라고 부른다. 그리고 하루 24시간을 자전 주기라고 한다. 그러면 1년은? 물론 이것은 지구가 태양 주위를 한 바퀴 도는 데 걸리는 시간이다. 공전주기라고 부른다. 여기서 주기란 일정하게 제자리로 돌아오는 시간이라 할 수 있다. 그리고 일반적으로는 시간뿐만 아니라 모양, 성질 등이 서로 같거나 비슷하게 배열되는 것도 주기적인 양상이라 할 수 있다. 우리는 앞에서 사인, 코사인 같은 주기 곡선도 그려 보았다.

여기서 원소의 주기율표(사실 주기표라고 하여야 더 옳다!)는 원소들의 성질들이 일정하게 같은 것끼리 배열하여 표시된 표이다.

그러면

원소는 무엇?

그리고 원자는 또 무엇?

'핵' '핵' 하지만 도대체 핵은 또 무엇일까?

동위원소가 나오고 이온이 나오고…

"정말 헷갈리네요!"

소리치고 싶을 것이다.

또 '고체', '액체', '기체', 기체보다 더 뜨거운 '플라즈마'까지 등장한다.

이렇게 입자 가속기를 이해하려면 위와 같은 것들이 무엇인지 알아야 한다.

그러나 걱정 말자. 어려운 것을 쉽게 이해시키는 글쓴이가 있으니까. 조금만 참고 그림을 보면서 글을 읽다보면 고개가 끄덕 끄덕 거릴 것이다.

그런데,

원소의 주기표만 있을까?

아니다. 주기성을 가진 것은 원소 아니 원자뿐만이 아니다.

원소보다 더 작은, 즉 원자의 씨에 해당되는 원자핵 주기율표도 있고 별들의 일생이 담긴 별의 주기율표도 있다. 빛에도 주기성이 있다.

원소 주기율표

핵 주기율표

별 주기율표

빛 주기율표

먼저 원소의 주기율표부터 쳐다보자.

3.1 원소와 주기율표

그림 3.1은 보통 교과서에 나오는 원소의 주기율표이다. 그림 3.1을 보면 원소들-수소, 산소, 철, 금-이 번호를 부여받으면서 규칙적으로 나열되어 있음을 알 수 있다. 그런데 수소와 헬륨 사이는 뻥 뚫려있다.

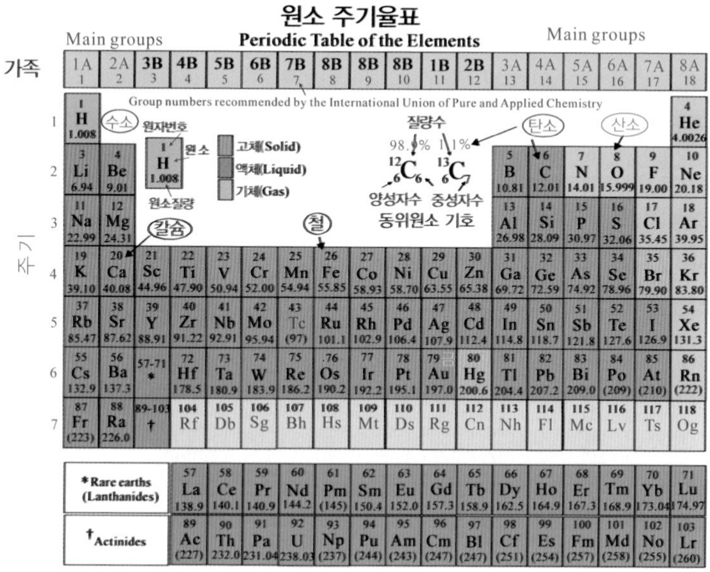

그림 3.1 원소의 주기율표. 원소 질량이 정수가 아니고 소수로 나온 이유는 무엇일까?

그리고 가장 오른쪽에는 모두 기체인 것이 눈에 들어온다. 이른바 불활성 기체 원소들이다. 가장 위에 1번부터 18번까지에 해당되는 비슷한 성질의 원소를 가족(영어로 Group)이라고 부른다(한국에서는 1족, 2족이라고 부르고 있다. 그러나 더 정확하게는 가족1, 가족2 등으로 불러야 옳다!). 1A, 5B, 4A 등으로 표시된 것은 역사적으로 긴 시간 동안 학자들이 연구를 하는 과정에서 붙인 기호로 아직도 사용이 되고는 있다.

"어! 그런데, 원소 질량이라는 숫자가 이상하게 소숫점이 있네?"라고 의문을 가져본 독자가 있는가? 그 독자는(지금 이 글을 읽고 있는) 훌륭한 과학자가 될만한 뇌를 가지고 있다. 이해를 돕기 위해 지은이가 살짝 주기율표에 탄소원소에 대하여 동위원소 기호를 그려 넣었다. 물론 **보통의 주기율표에는 표시되지 않는다.**

자, 지금부터 원소, 원자, 동위원소, 희귀동위원소, 원자핵 등을 찾아 여행길에 나서자.

3.1.1 원자, 원소, 동위원소

물방울을 보자. 우선적으로 물(방울)이 어떠한 원소로 이루어져 있고 그 크기들은 어느 정도인지 그냥 보고서 알기 쉽도록 그림을 그렸다(그림 3.2).

주기율표에서 수소는 H, 산소는 O로 표기되는 것을 보았을 것이다. 우리는 상식적으로 물 하면 '에이치투오(H_2O)'라고 부른다. 물론 분자의

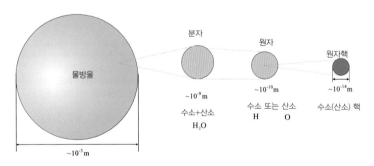

그림 3.2 물질의 층 구조. 물방울은 볼 수 있어도 분자부터는 맨눈으로는 볼 수 없다. 작은 세계를 보기 위해서는 가속기가 필요하다.

종류이다. 이러한 분자들이 다시 살짝 뭉쳐 덩어리를 이룬 것이 우리가
마시는 "물"이다. 그런데 이 분자를 세게 두드리면 다시 산소와 수소 원
자로 분리가 된다. 그런데 느닷없이 원소가 아니라 왜 원자라 할까? 그
다음에 원자핵의 존재를 그려 넣었는데 서로간의 크기를 미터 단위로
표시를 하였다. 그 크기 차이를 상상해볼 수 있는가?

**상상을 하여 크기 비교에 대하여 그림을 그리는 독자는 천재의 소질
이 있으며 큰 과학자가 될 능력을 가지고 있다!**

이제 물의 얼굴 변화를 보기로 한다(그림 3.3과 3.4). 이른바 고체, 액
체, 기체 그리고 더 뜨거운 플라즈마의 모습들이다.

먼저, 수소는 물론 산소도 기체라는 사실을 알자. 그런데 수소와 산소
가 둘이서 결합을 했더니 무엇이 되었나. 여기서 무엇은 물을 뜻하는 것
이 아니라 **기체가 아닌 액체**라는 변화이다. 이러한 사실을 초등학교, 중
학교 아니면 고등학교 때 느끼고 감탄을 한 적이 있는 독자가 있는지 모

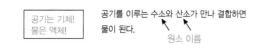

공기를 이루는 수소와 산소가 만나 결합하면
물이 된다.

공기는 기체!
물은 액체!

원소 이름

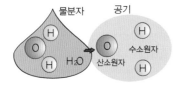

물은 기체 상태로 변하여도 물분자는
유지된다. 왜냐하면 산소와 수소 간의
결합이 섭씨 100도에 해당되는
에너지보다 훨씬 세기 때문이다.
이 결합보다 더 높은 세기의 에너지가
공급되면 드디어 물분자는 산소원자와
수소원자로 분해된다.

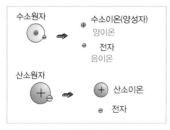

수소원자에서 전자가 에너지를 받아
떨어져 나가면 수소원자의 핵(양성자)
과 전자는 독립적으로 운동을 하게
된다. 이때 수소핵은 양의 이온으로
전자는 음의 이온으로 존재하게 된다.
산소원자에서 전자가 떨어져 나가면
산소원자는 양이온으로 되고 전자는
음이온으로 되면서 독립적으로 운동을
한다.

물분자의 정체

그림 3.3 물의 변화. 물 분자는 에너지를 받으면 해체된다.

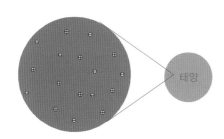

원자를 이루는 전자가 높은 에너지를 받아 자유롭게 되면 원자의 양이온과 전자의 음이온이 혼합된 기체상태가 된다. 이러한 고온의 기체상태를 플라즈마라고 한다. 태양의 내부는 주로 수소의 플라즈마 상태로 되어 있다. 따라서 우주의 대부분은 사실상 플라즈마 상태라고할 수 있다.

그림 3.4 태양 속 기체 플라즈마.

르겠다. 아니면 지금 이 순간 이 글을 읽고 감탄을 하는 독자는 지은이의 마음을 읽고 있다고 본다.

이제 본격적으로 원자와 원소의 다른 점 그리고 동위원소와 원자핵과의 관계를 파헤쳐보자.

3.1.2 원자와 원자핵

그림 3.5는 원자번호가 6번인 탄소 원자의 모습이다. 여기서 6이라는 번호는 탄소 원자 속에 있는 전자의 개수를 말한다. 그리고 핵 안에는 전자수와 같은 양성자수가 들어 있다. 그런데 핵은 양성자뿐만 아니라 중성자도 존재한다. 그림 3.5인 경우 중성자수 역시 6개인 경우이다. 이렇게 양성자수와 중성자수를 합친 수를 원자의 질량수라고 부른다. 여기까지는 쉽게 이해가 될 것이다. 여기서 중요한 점이 양성자수와 전자수는 언제나 같다는 점이다. 왜냐하면 양성자는 양의 기본 전하를, 전자는 음의 기본 전하를 가져 원자를 중성으로 만들기 때문이다. 전하는 물질의 기본 성질이다. 왜 존재하느냐고 묻지 말기 바란다. 무게와 상관되는 질량과 함께 물질의 기본 성질을 이룬다. 다만 질량과는 달리 기본값을 가지는데 그 기본 값을 갖는 전하를 기본 전하라고 부른다. 이온이라 함은 원자가 전자를 잃어버리거나 얻을 때 양성자수와 전자수가 어긋나서 나타나는 전하의 값이라고 보면 된다.

그런데 양성자와 전자는 같은 전하 크기를 갖는데 반하여 무게에 해

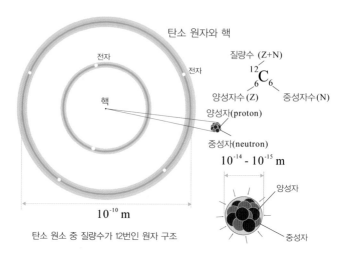

탄소 원자와 핵

전자

전자

핵

질량수 (Z+N)

$^{12}_{6}C_{6}$

양성자수 (Z)   중성자수 (N)

양성자(proton)

중성자(neutron)

$10^{-14} - 10^{-15}$ m

양성자

중성자

10^{-10} m

탄소 원소 중 질량수가 12번인 원자 구조

그림 3.5 탄소 원자와 핵을 이루는 양성자와 중성자. 핵의 크기는 원자에 비해 약 5만 배 작다. 핵 주위를 도는 원자들은 그림과 같은 모습은 아니다. 이해를 돕기 위해 태양계의 행성 궤도처럼 그렸을 뿐이다.

당되는 질량은 엄청난 차이를 가진다. 무려 2000배 가까이 양성자가 무겁다. 즉 전자가 훨씬 가볍다.

그럼 핵의 크기와 원자의 크기는 어떻게 될까?

이미 앞에서 물방울의 보기를 들면서 핵의 크기는 약 10^{-14}미터 원자의 크기는 약 10^{-10}미터라고 하였다. 그리고 분자의 크기는 10^{-9}미터인데 이 길이 단위를 흔히 나노미터라고 부른다. 들어 보았을 것이다. 사실상 원자의 크기가 10^{-10}미터, 즉 0.1나노미터이면서 핵의 크기는 그보다 10만 배에서 5만 배 정도 작은 크기를 가지는데 이제 5만 배 크기로 작다고 하여보자. **100은 10^2, 0.01은 10^{-2} 등으로 표기된다는 사실을 알자.**

그리고 간단히 수소원자를 보자.

우선 다음과 같은 양들과 그 크기나 세기를 보자.

양성자의 무게는 전자에 비해 약 2000배 무겁다.

핵의 크기는 원자, 즉 전자가 돌고 있는 공간에 비해 5만 배 정도 작다.

양성자의 전하 크기는 전자와 같다.

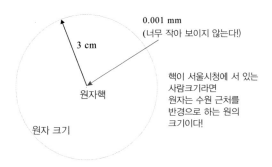

그림 3.6 원자와 원자핵의 크기 비교.

도대체 이러한 차이에서 어떠한 모습들이 나올까?

우선 크기를 보자.

이제부터는 미터는 m, 밀리미터는 mm 등으로 표기하기로 한다. 그림은 실제적으로 반경이 3 cm인 원이며 이 원의 크기를 원자라고 한다. 그러면 핵의 크기는? 5만 배 줄여보자. 그러면 0.0015 mm! 선보다 더욱 작아 나타낼 수조차 없다. 이번에는 핵의 크기를 1 mm라고 하자. 그러면 원자는 반경이 500 m인 원이 된다. 100 m 달리기를 할 수 있는 운동장 한 가운데에 1 mm의 조그만 연필심이 원자핵의 크기이다. 상상이 가는가? 만약 독자가 핵이고 서울 광화문 앞에 서 있다고 한다면 원자의 크기는? 무려 50 km 떨어진 곳에서 전자는 돌고 있으며 이것이 원자의 크기이다.

이러한 사실, 보이지도 않는 미지의 세계를 파헤친 과학자들이 얼마나 대단한 것인가? 원자의 비밀을 파헤치고 핵의 존재를 알아내고 핵의 모양과 운동은 물론 에너지가 나오는 이유까지도 알아내었다. 그러다 보니 별들의 탄생과 죽음은 물론 우리 몸을 이루는 원소들이 어디에서 왔고 어떻게 만들어졌는지도 알게 되었다. 그 과정에서 많은 과학자들, 특히 물리학자들이 노벨상을 타게 된다.

더욱이 이러한 조그만 세계를 파헤친 결과로 오늘날 누구나 손에 잡고 다니는 휴대전화도 나올 수 있었다. 이것이 과학의 힘이다! 그 과학의 힘을 더욱 다져줄 수 있는 것이 가속기이며 한국에 우뚝 설 희귀동위원소 가속기 '라온'이다. 자랑스러운 일이다.

이번에는 무게를 비교해보자. 물론 무게가 아니라 질량(mass)이라고 불러야 한다. 우리가 일상생활에서 **무게**라고 하는 것은 질량 값에 지구의 중력가속도 값을 곱한 양이다. 보기를 들면 60 kg의 몸무게를 가지는 사람의 무게는 실상 $60\,kg \times 9.8\,m/s^2 = 588$뉴턴이다. 무게는 힘의 단위이다. 달에 가면 질량은 그대로이지만 몸무게는 1/6로 줄어든다. 달의 중력이 지구의 1/6이기 때문이다.

앞에서 양성자, 즉 수소 원자핵의 질량은 전자에 비해 약 2000배 무겁다고 했다. 정확하게는 1860배이다. 그리고 중성자 역시 양성자와 질량이 같다고 보아도 좋다. 따라서 원자의 질량은 사실상 핵의 질량이라고 보아도 된다. 앞에서 보기를 든 탄소 원자인 경우 양성자와 중성자수는 12개이므로 수소에 비해 12배 무겁다. 그래서 질량수라고 부른다.

그런데 전하인 경우 양성자와 전자는 같은 크기를 가진다고 하였다. 물론 하나는 양(+) 다른 하나는 음(-)의 전하라고도 하였다. 그러면 우선 원자와 핵의 크기 차이와 핵과 전자의 질량 차이에서 어떠한 현상이 일어나는지 보자.

여러분들은 확실히는 아니지만 물의 무게가 쇠, 예를 들면 철의 무게보다 가볍다는 것을 알고 있다. 공기는 더 가볍다는 사실까지도. 물론 여기서 상대적인 무게는 같은 면적이나 같은 체적(부피)을 고려하는 경우에 한한다. 다시 말해 1 m, 1 m, 1 m 되는 정육각형 통에 물을 넣어 무게를 재고, 마찬가지로 철을 넣고 무게를 재는 식이다. 이때 부피당 무게 정확히는 밀도라고 부른다. 따라서 물의 밀도보다는 철의 밀도가 높다고 한다. 그리고 과학자들은 이미 모든 물질이나 원자들에 대하여 밀도 값을 모두 측정하여 두었다. 물인 경우 보통 1이라고 하는데 이것은 1 cm, 1 cm, 1 cm 용기 안에 물을 넣으면 1 g이라는 뜻이다. 이를

1 m, 1 m, 1 m로 확장하면 1000 kg이 되고 결국 1톤이라는 사실을 알게 된다.

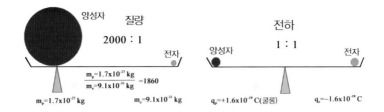

그림 3.7 양성자와 전자의 질량과 전하의 비교. kg은 질량 단위이며 C는 전하단위로 쿨롱이라고 부른다. 입자 하나에 대한 값들이기 때문에 무척 작은 값으로 나온다. 하지만 일상생활에서 접하며 느끼는 물질의 양, 예를 들면 그램(g) 정도인 경우 입자들의 수(원자의 수)는 무려 10의 23승(1023) 개가 된다. **이러한 기본 단위 숫자를 외우면 머리가 좋아진다!**

여러분들은 1 m, 1 m, 1 m 되는 통에 담긴 물을 들을 수 있다고 생각하는가? 한번 해보기 바란다. 그런 반면에 철은 55.85이며 이는 물에 비해 거의 56배 무겁다는 뜻이다. 이러한 밀도 값은 앞에서 나온 주기율표에 기록되어 있다. 그만큼 중요하기 때문이다. 금은? 보면 197임을 알 수 있다.

이러한 밀도 값들은 어디까지나 물질 상태가 보통의 원자 크기를 유지할 때이다. 만약에 원자들이 전자를 모두 잃어버리고 핵만 남는다면 어떻게 될까?

우선 원자의 크기가 핵의 크기로 줄어든다는 가정, 즉 5만 배로 축소되었을 때를 생각해보자. 간단하게 말하자면 만 배라면 그 세제곱인 10의 12승, 즉 10^{12}, 5만 배라면 거의 10의 14승, 즉 10^{14}가 된다. 무슨 말인가 하면 철인 경우 56 g이 적어도 56의 10의 13승 g이 된다는 말이다. kg으로 고치면 1 cm, 1 cm, 1 cm 용기 안의 철의 무게가 5600억 kg이 된다는 말이다. 상상이 갈까? 사실 이러한 고밀도는 지구에서는 존재할 수 없다. 오직 중성자 별 정도에서만 가능하다.

왜 중성자별에는 이러한 고밀도가 가능할까?

태양보다 훨씬 큰 별들(흔히 거성이라고 부르며 영어로도 giant star라고 한다)은 질량이 워낙 크다보니 중력이 강하다. 즉 끌어당기는 힘이 세다는 말이다. 별 내부에서는 양이온에 해당되는 양성자가 있고 음이온에 해당되는 전자들이 어울려 독립적으로 돌아다니고 있는데 워낙 중력이 강하여 수축이 되면 어떻게 될까? 원자의 크기보다 더 작도록 내부 압력을 받으면 점점 전자는 양성자 근처로 내몰리게 된다. 그러다가 결국 양성자와 만나 큰일을 벌이게 되는데 놀랍게도 중성자로 변해 버린다. 양과 음이 만나 중성인 입자, 즉 중성자가 된 것이다. 그러면 원자의 크기라는 것은 이제 더 이상 존재하지 않고 핵의 크기만큼 줄어들었다는 것이다.

놀라지 말라. 태양이 중성자별로 변하면 고작 반경이 10 km인 공으로 변한다. 물론 지구에서 아니 사람의 관점에서 보면 10 km도 큰 것이지만 한번 태양 크기와 비교해보자. 아니 지구 크기와 비교해보자. 지구의 반경은? 약 7000 km이다. 지구에 비해서도 약 1000배 작은 공이다. 하물며 태양보다야. 태양 반경은 무려 70만 km이다.

이제 핵을 이루는 양성자와 중성자의 존재를 알았으니 그리도 자주 나오는 동위원소가 무언지 알아보자. 그리고 원자와 원소의 차이점도 파헤쳐본다.

그림 3.8을 보자. 보기로 수소와 탄소를 들었다. 그런데 같은 원자번호인데도, 즉 양성자수는 같은데도 중성자수가 다른 종류가 있다는 것을 알 수 있다. 수소인 경우 핵은 양성자 하나로 이루어진 것이 대부분인데 자연에는 중성자도 있는 것이 존재한다. 이를 중수소라고도 부른다. 앞에서 이야기 했지만 양성자와 중성자의 수를 질량수라고 했으므로 보통의 수소는 1 중수소는 2가 된다. 그런데 주기율표를 보면 1.008이라는 숫자가 나온다. 이 숫자는 질량수가 1인 수소원자가 99.985% 질량수가 2인 수소원자가 0.015% 존재하고 그 비율을 평균했기 때문이다. 만약에 두 원자들의 함유량이 각각 50%라면 (1+2)/2=1.5가 된다. 이러한 함유량의 비율을 **존재비**라고 한다. 그리고 원자번호가 같은 원자들의 집합체를 원소라고 부르는 것이다. 사실 원소는 어떠한 것에 대한 기본이라는 뜻이 있는데 여기서의 원소는 화학 원소(chemical elements)에 해당된다. 그래서 영어로는 반드시 'the'를 붙여 'the elements'로 표기한

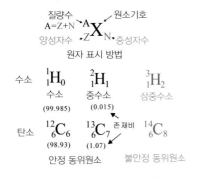

원자, 원소 그리고 동위원소

원자번호는 양성자수에 해당되며, 질량수는 양성자수와 중성자수의 합이다. 질량수가 다른 동종의 원소들을 동위원소(isotopes)라고 부른다. 동위원소 중에는 안정된 것과 일정시간을 갖고 다른 원소로 붕괴하는 방사성 동위원소로 분류된다. 존재비는 자연계에 존재하는 한 원소의 안정 동위원소 존재를 백분율(%)로 나타낸다.

그림 3.8 원자와 원소 그리고 동위원소.

다. 상식적으로 알아두기 바란다.

분자를 만들거나 물질을 구성할 때는 원자번호가 같은 원자들, 즉 수소이든 중수소이든 같은 성질을 갖는다. 왜냐하면 원자를 이루는 전자의 수가 같기 때문이다. 이때 **원소는 화학적 성질이 같다**고 한다. 이와 반면에 물리적 성질은 확연히 다르다. 즉 수소핵에서 나오는 물리적 성질과 중수소핵에서 나오는 물리적 성질, 예를 들면 에너지는 다르게 나온다. 이는 **대단히 중요한 이야기**이다.

다시 말해 화학적 성질과 물리적 성질은 다르며 물리적 성질을 알아야만 최종적인 비밀이 파헤쳐진다.

이번에는 탄소를 보자. 탄소는 양성자가 6개이며 물론 전자도 6개 그래서 원자번호가 6번이다. 탄소 역시 중성자인 경우 6개와 7개 등 두 종류가 존재함을 알 수 있다. 따라서 탄소 원소에는 질량수가 12와 13번 등 두 종류의 원자, 즉 동위원소가 존재함을 알 수 있다. 그 존재비를 보면 12번이 98.93%, 13번이 1.07%임을 알 수 있다. 그런데 여기서 중요한 사실이 있다. 그것은 탄소 12번의 질량수를 모든 질량수를 대표하는 기준으로 삼는다는 것이다. 여기서는 더 이상 자세한 설명은 생략하기로 한다.

그런데 그림에서 보면 불안정 동위원소가 나온다. 이건 또 무엇인가? 사실 희귀동위원소 혹은 방사성 핵종 동위원소 등이 이에 속한다. 탄소

14번을 보기로 들자. 중성자가 8개인데 중성자가 많다고 생각하지 않는가? 그렇다! 중성자가 많아 핵이 불안정하게 된다. 신기하게도 중성자가 양성자로 변한다. 그러면 어떤 일이 벌어질까? 이제 중성자가 양성자로 변하였기 때문에 양성자는 하나 증가하고 중성자는 하나 줄어든다. 그러면 양성자가 7개, 중성자가 7개가 된다. 물론 질량수는 그대로 14이다. 그러면 이것으로 끝? 아니다. 여기에 엄청난 자연의 비밀이 존재한다. 이른바 자연에 존재하는 네 가지 힘 중 하나가 참여하고 있기 때문이다. 앞에서 이미 나왔었다. 약한 힘(약력)이라고 부르는 힘이다. 그러면 왜 약력이라고 부를까? 먼저 다음의 질문에 답해보자.

"원자핵을 이루는 양성자와 중성자는 왜 뭉쳐 있을까? 그것도 그 좁은 공간에"

답은 '강한 힘(강력)이 존재하기 때문이다'이다. 양성자와 중성자를 꽁꽁 묶는 힘인데 엄청 세다. 가령 원자를 이루는 원자핵과 전자를 묶어주는 힘을 전자기력(사실 전기 힘이라고 이해하면 된다)이라고 부르는데 그보다 몇 백만 배 세다. 이 힘을 사용하는 것이 원자력 발전이다. 원래는 '핵발전'이라고 해야 하는데 핵폭탄의 부정정적인 이미지를 생각하여 살짝 이름을 바꾼 것이다. 이제 원자핵에서 일어나는 힘, 즉 강력에 대해 알아본다.

3.1.3 핵력: 원자력 에너지

원자의 안정성도 마찬가지이지만 가장 중요한 것이 원자든 핵이든 그 '구성 입자들이 얼마나 더 단단히 묶여 있는가?'이다. 이렇게 묶여진 에너지를 구속에너지(binding energy)라고 부른다. 보통 결합에너지라고 하는데 사실 결합은 coupling으로 용수철의 결합 상수 등에서 사용되는 용어이다. 그림 3.9를 보자.

원자핵은 원자의 구조와는 근본적으로 다르다. 어디에도 중심이 없는 것이 가장 큰 차이점이다. 핵자 간에는 인력이 작용하지만 너무 가까우면 척력이 작용한다. 여기서 핵자는 양성자와 중성자를 가리키는 용어

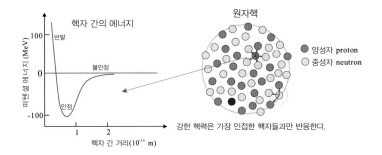

그림 3.9 원자핵의 강한 힘(강력). 왼쪽의 그래프는 두 핵자(양성자 혹은 중성자) 사이의 퍼텐셜 에너지 곡선이다. 낮을수록 안정된 상태이다. 너무 가까우면 반발을 하며 멀어지면 그 에너지가 급격히 약해진다.

로 핵력을 다룰 때는 구별하지 않는다. 특별히 구별을 할 때 '아이소스 핀'이란 용어를 사용하는데 더 이상 언급은 피하기로 한다. 핵자들은 바로 옆 이웃하고만 강력하게 반응한다. 그리고 자유스럽게 이동이 가능하다. 그럼에도 불구하고 핵자들은 마치 중심에 기본적인 힘이 존재하고 그 주위를 운동하는 것과 같은 현상이 나타난다. 더 이상 설명은 생략한다. 이러한 원자핵의 기본 성질을 나타내는 기본 물리량이 곧 구속 에너지이다. 원자도 구속에너지를 가지고 있으며 분자 역시 마찬가지이다. 구속에너지의 상태에 따라 화학 반응에서는 흡열반응 혹은 발열반응으로 나타난다.

구속에너지와 질량

그림 3.10은 원자핵들에 대한 구속에너지를 그래프로 나타낸 것이다. 핵자당 구속에너지라 함은 전체 에너지를 질량수로 나눈 값이다. 즉 해당 핵에서 핵자 하나를 떼어내는 데 필요한 에너지이다. 처음에는 질량수가 낮은 핵들이 작은 값들을 가지며 질량수 증가에 따라 증가한다. 그리고 철-56에서 최대값을 가진다. 사실상 별들에서의 핵합성에 의한 원소 생성은 여기까지이다. 이보다 높은 원소들은 핵융합이 아닌 다른 방법으로 조성이 된다. 질량수 10 이하에서 특히 헬륨-4(알파 입자임)가 예외적으로 값이 높은데 이는 양성자 2개와 중성자 2개가 아주 강하게 결합

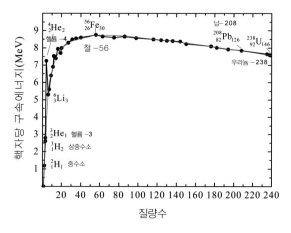

그림 3.10 핵의 구속에너지. 값이 높을수록 안정된 핵들이다.

된 결과이다. 이러한 헬륨핵인 알파입자는 질량수가 아주 높은 핵들에서는 자발적으로 붕괴되면서 나온다. 이를 알파 붕괴 현상이라고 부른다.

그런데 이러한 에너지 곡선을 보면 비록 예외적인 것들이 있지만 대체적으로 질량수 60 근처에서 최대값을 가지며 일정한 곡선을 그린다는 사실을 알 수 있다. 이러한 곡선은 핵의 매질 특성을 고려하면, 즉 물방울과 같은 특수 액체 상태로 가정하면 규칙성의 식을 만들 수 있는데 그 빨간색 곡선이 이에 해당된다. 이러한 구속에너지는 사실상 핵력에 의해 단단히 묶여 있는데 이렇게 묶여 있을 때는 개별적으로 떼어져 있을 때보다 질량이 덜 나간다. 그러면 구속에너지가 클수록 질량이 작다는 사실을 알 수 있다. 혹은 퍼텐셜 에너지가 낮다고 말할 수도 있다. 이러한 질량과 퍼텐셜 에너로 나타내면 곡선은 거울에 비친 모습이 된다. 그림 3.11을 보자.

그러면 왜 질량수가 작으면 핵융합을 선호하고 질량수 크면 핵분열이 일어날까?

우선 핵의 성질을 살펴보자. 질량수가 작으면 핵자들인 양성자와 중성자들은 핵자수에 비해 넓은 표면적을 가지며 따라서 핵의 공간에서 비교적 간격을 넓게 잡아 분포한다. 이러한 분포는 핵력이 상대적으로

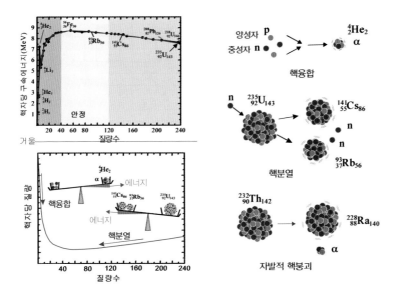

그림 3.11 핵자당 구속에너지와 질량 그래프. 대체적으로 질량수 40 이하인 영역의 핵들은 핵융합을 일으키는 데 적합하다. 이와 반면에 질량수 120 이상인 핵들은 핵분열에 의해 에너지를 발산한다. 40에서 120 사이 핵들은 비교적 안정된 핵들이다.

약하게 된다. 따라서 서로 뭉쳐, 즉 융합하여 더 큰 질량을 가지는 핵으로 되려고 한다. 이와 반면에 질량수가 많아지면 한정된 공간 안에서 핵자들의 사이는 좁아진다. 따라서 서로 밀치려는 경향이 강해진다. 더욱이 양성자수가 많아지면 양성자끼리는 같은 전하 부호를 가지므로 전기력의 입장에서는 반발력이 작용한다. 따라서 질량수가 클수록 이러한 전기적 반발력에 의해 불안정해진다. 물론 핵자수가 많으면 핵의 모양이 일그러지면서 불안정해지기도 한다. 따라서 외부에서 조금만 에너지를 받아도 분열하여 더 안정된 핵으로 변하게 된다. 이른바 핵분열 현상이다. 경우에 따라서는 헬륨-4 핵인 알파입자를 자발적으로 방출하면서 질량수를 줄이는 핵들도 있다. 이를 자발적 핵분열이라고 한다.

토륨-232(양성자 90, 중성자 142, ^{232}Th)는 처음 알파입자를 방출하며 붕괴를 시작하는데 놀랍게도 계속 붕괴를 하여 알파입자를 6개 방출하고 양성자가 중성자로 변하는 베타 붕괴를 여러 번 거친 후 안정핵

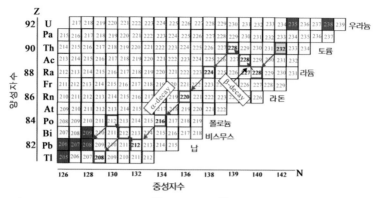

그림 3.12 핵 주기율표에서 토륨-232(^{232}Th)가 납-208(^{208}Pb)까지 붕괴하는 모습. 알파입자가 6 개 방출된다. 이와 함께 베타선인 전자들도 나온다. 검정색 부분 영역이 안정 핵종이다. 83번 비 스무스(Bi)와 92번 우라늄(U) 사이의 넓은 영역이 모두 불안정 핵종이 차지한다.

인 납-208로 된다. 이러한 과정이 모두 핵 주기율표에 나타난다. 그림 3.12를 보자.

원자번호가 클수록 질량수도 증가하게 되는데 동위원소수 역시 증가 한다. 그림 3.12를 보면 동위원소가 얼마나 많은지 실감하게 될 것이다. 이 모든 동위원소들에 대해 모두 조사하고 연구하는 영역이 핵물리학이 다. 물론 중이온 가속기에 의하여 실험적으로 만들어지며 그 성질이 밝 혀진다.

이제 베타 붕괴에 대해서 설명한다.

3.1.4 방사성 붕괴와 중성미자 출현: 약력

방사성 핵종, 즉 불안정 동위원소가 붕괴되어 다른 원소로 변하는 과 정에서 가장 중요한 현상이 베타 붕괴이다. 이러한 베타 붕괴 과정에 관 여되는 힘이 약력이다. 질량수는 변하지 않고 양성자가 중성자로 혹은 중성자가 양성자로 변환된다. 그림 3.13을 보자. 탄소-14인 경우 안정 동위원소인 탄소-12에 비해 중성자가 2개가 더 많다. 따라서 중성자가 양성자로 변하며 안정 원소로 가려한다. 그런데 중성자가 양성자로 바 뀔 때 두 개의 입자가 딸려 나온다. **하나가 전자, 다른 하나가 중성미자**

베타마이너스 붕괴

탄소 $^{14}_{6}C_8$

반감기: 5715년

전자(음전하)
e^-
마이너스베타선

중성미자
ν

$^{14}_{7}N_7$ 질소

중성자 -〉
양성자(양전하) + 전자(음전하) + 중성미자

$n \rightarrow p + e^- + \nu$

(b) 불안정 동위원소 탄소-11이 붕소-11로 변환하는 모습

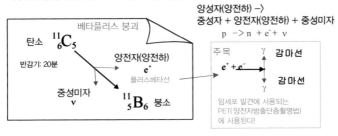

양성자(양전하) -〉
중성자 + 양전자(양전하) + 중성미자

$p \rightarrow n + e^+ + \nu$

베타플러스 붕괴

탄소 $^{11}_{6}C_5$

반감기: 20분

양전자(양전하)
e^+
플러스베타선

중성미자
ν

$^{11}_{5}B_6$ 붕소

주목
$e^+ + e^-$
γ 감마선
γ 감마선

암세포 발견에 사용되는
PET(양전자방출단층영법)
에 사용된다!

그림 3.13 방사성 동위원소인 탄소-14와 탄소-11의 두 가지 얼굴 변환 모습. 원소가 변환되는 모습에서 각종 부산물이 나온다. 그리고 질병의 조기 발견과 치료에 응용된다.

라고 부르는 수수께끼 같은 입자이다. 여기서 전자는 발견 당시 제대로 몰라 베타선이라고 불러 현재도 베타선이라고 부른다. 그런데 **베타선에 는 두 개가 있다.** 양성자가 중성자로 변할 때 전자와 같은 베타선과는 다른 베타선이 나온다.

이번에는 탄소의 방사성 동위원소 중 탄소-11을 보기로 하자. 탄 소-11은 중성자가 5개이다. 이 경우에는 반대로 중성자가 너무 적다. 거꾸로 이야기하자면 양성자가 상대적으로 많다. 따라서 양성자가 중성 자로 변하여 안정된 원소로 가기를 **자연은 원한다.** 이 과정에서 이번에 는 베타선은 베타선인데 양전하를 가지는 전자가 튀어 나온다. 이른바 양전자라고 부른다. 그러나 자연은 이러한 양전자를 가만히 놓아두지 않는다. 전자와 만나 바로 사라지도록 한다. 그 대신 엄청나게 에너지가 높은 빛인 감마선을 발생시킨다. 물질이 빛으로 변해버린 것이다. 이 원 리가 이른바 아인슈타인 박사가 제창한 질량−에너지 등가 법칙이다. 이 때 두 개의 감마선은 180도를 이루어 방출이 되는데 이를 이용하여 몸

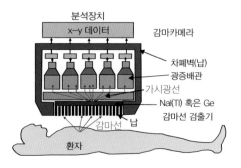

그림 3.14 방사성 동위원소 영상 방법 중 하나인 양전자 방출 촬영 방법. 양전자를 방출하는 불안정 동위원소, 예를 들면 붕소–18(^{18}F: 반감기 2시간), 테크네튬–99(^{99m}Tc: 반감기 6시간), 요오드–131(^{131}I: 반감기 8일) 등이 쓰인다. 물론 탄소–11도 가능하다. 여기서 감마카메라라고 되어 있는 것은 사실상 핵물리학자들이 연구에 쓰이는 검출기들로 그대로 병원에서 사용되고 있다.

속의 구조를 보는 데 사용된다. 즉 탄소–11을 몸속에 투여하고 암세포가 있는 곳에 다다르게 하여 위와 같이 붕괴를 시키면 감마선이 방출되면서 표적 주위를 촬영하게 된다. 오늘날 이러한 촬영은 병원에서 이루어지며 영어로 **PET**(Positron emission tomography)라고 불린다. 영어 자체가 양전자(positron)이다. 양전자 방출 단층 촬영이라는 뜻이다. 그러나 더 어울리는 용어는 **방사성 동위원소 영상법**(Radioisotopes Imaging)이라고 하여야 한다. 우리나라 사람들은 이 사실을 알고나 있을까? 고마워해야 한다. 암의 퇴치에 혁혁한 공을 세우고 있기 때문이다. 이제 앞에서 이야기한 것들이 수긍이 갈 것이다.

여기서 감마선의 에너지는 511 keV이며 서로 180도 각도로 나오는데 이 두 개의 감마선을 동시에 검출하게 되면 방출된 위치가 정확하게 판명될 수 있다. 주로 뇌 속의 모습을 정교한 영상으로 얻고자 할 때 사용된다. 부록에서 보다 자세히 설명을 한다.

3.2 핵 주기율표

3.2.1 핵 주기율표와 방사성 동위원소

우리는 이제 원소와 원자의 차이, 동위원소의 존재 그리고 방사성 동

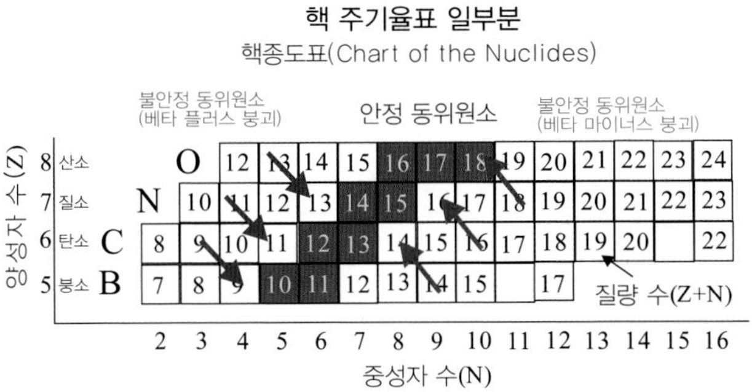

핵 주기율표 일부분
핵종도표(Chart of the Nuclides)

불안정 동위원소   안정 동위원소   불안정 동위원소
(베타 플러스 붕괴)   (베타 마이너스 붕괴)

양성자 수(Z)																	
8 산소	O	12	13	14	15	16	17	18	19	20	21	22	23	24		
7 질소	N	10	11	12	13	14	15	16	17	18	19	20	21	22	23	
6 탄소	C	8	9	10	11	12	13	14	15	16	17	18	19	20		22
5 붕소	B	7	8	9	10	11	12	13	14	15		17				

질량 수(Z+N)

2 3 4 5 6 7 8 9 10 11 12 13 14 15 16
중성자 수(N)

그림 3.15 이른바 핵종 도표(영어로는 Chart of the Nuclides)의 일부분으로 양성자수와 중성자수에 대한 이차원으로 나타난다. 검은색 부분이 안정 동위원소로 화학 원소 주기율표에 속하는 영역이다. 안정 동위원소로부터 오른쪽이 베타 마이너스(β^-), 즉 중성자가 양성자로 변하는 베타 붕괴 불안정 동위원소 영역이며 왼쪽이 양성자가 중성자로 변하는 베타 플러스(β^+) 붕괴 영역이다. 앞에서 다루었던 탄소–14와 탄소–11의 붕괴 모습이 이제 뚜렷이 보일 것이다.

위원소가 무엇인지 알게 되었다. 비로소 핵의 주기율표를 읽을 수 있는 길에 들어선 것이다. 그림 3.15를 보기 바란다. 원자번호 5번인 붕소, 6번인 탄소, 7번인 질소 그리고 8번인 산소의 범위에서 핵의 주기율표를 나타내고 있다.

이제 원소의 주기율표와 핵의 주기율표를 다 같이 놓고 들여다보자 (그림 3.16).

그림 3.16에서 가장 놀라운 사실은?

불안정 핵종의 수효이다!

그렇다. 무려 7000여 종. 이 수효는 아직 발견되지 않은 숫자이다. 따라서 발견된 것까지 합하면 훨씬 많다.

원소는 100여 종, 정확히는 118종이다. 그러나 일상적으로는 92번 우라늄까지가 원소의 실제적 개수라고 보면 된다. 그리고 안정 동위원소가 그 3배 정도인 300여 종이다. 나머지 대부분은 불안정 핵종, 즉 불안정 동위원소이다. 그런데 이렇게 불안정 동위원소들이 사실상 우리 몸을 이루는 원소들의 부모들인 것을 최근에야 알려지고 있다. 처음부터 안정 동위원소가 만들어지는 것이 아니라는 말이다. 이미 앞에서 몇 번

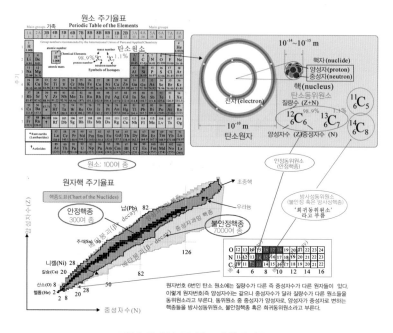

그림 3.16 원소 주기율표와 핵 주기율표.

이고 이야기한 바로 방사성 동위원소 붕괴가 사실 원소 합성의 진짜 길이라는 뜻이다.

이제부터 핵 주기율표에 나타나는 다양한 원소 합성의 길을 탐험해 보기로 하자.

3.2.2 핵 주기율표와 마법수 핵들

원소 주기율표를 보면 가장 오른쪽 기둥 줄에는 기체들만 모여 있다. 그것은 원자 구조 특히 전자들이 운동하는 궤도에 있어 가장 안정된 방을 차지하기 때문이다. 이것은 원자번호인 전자수에 따라 방을 차지하는 것이 다른데 이 경우에는 방을 모두 채운 결과이다. 따라서 다른 원자가 다가서더라도 전자들은 반응을 하지 않고 꿈적도 않는다. 따라서 서로 뭉치기가 어려워 기체 상태가 되는 것이다. 이러한 기체를 불활성 기체라고 부른다. 헬륨, 아르곤 등이다. 여러분들은 광고를 위해 공중에

띄우는 풍선 모양의 기구(보통 애드벌룬이라고 부르는데 이는 영어로 광고 풍선이라는 뜻이다)를 자주 보았을 것이다. 이 풍선 안에 헬륨기체를 넣는다. 그러면 공기보다 가벼워 공중에 뜰 수 있다. 가끔 수소기체를 넣는 경우가 있었는데 그러면 어떻게 될까? 수소는 1족에 있으며 전자 하나가 달랑 방밖에 나와 있다. 한마디로 남과 접촉하기를 좋아한다. 따라서 다른 원소와 만나면 격렬하게 반응하는데 이른바 폭발이다. 옛날에 돈을 아끼려고 하다 사고가 자주 났었다.

그러면 원자핵에도 이러한 특수 번호를 가지는 핵들이 있을까?

물론 있다!

이른바 **마법수**라고 하는 번호이다. 2, 8, 20, 28, 50, 82, 126번 등이다. 실험에 따르면 이상하게도 이 번호를 가진 핵들이 안정적이라는 사실이 밝혀졌는데 그 이유는 처음에 몰랐다. 물론 물리학 법칙에 의해 나중 그 이유가 설명이 되었고 이를 해석한 과학자들은 노벨물리학상을 탄다. 그림 3.17을 보자.

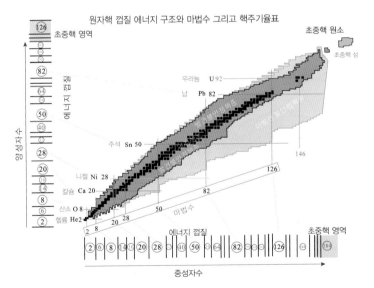

그림 3.17 핵의 에너지 상태를 나타내는 껍질 형태의 에너지 사다리와 마법수 핵들. 초중핵이 존재하는 안정된 섬은 이러한 에너지 구조에 따른 계산 결과이다. 그림 3.12의 부분은 이 주기율표에서 어느 위치에 해당되는지 찾아보기 바란다.

핵자들(양성자와 중성자)의 수효에 따른 사다리 형태(정확하게는 껍질 구조라고 한다)의 에너지 구조를 따라가다 보면 발판, 즉 껍질 사이가 아주 넓은 곳들이 존재한다. 만약에 이 껍질 바로 밑에까지 꽉 차면 밖에서 힘을 받더라도 그 다음 번 껍질에 올라서기가 힘들어진다. 그 만큼 안정적인 자세를 취한다. 여기서 안정적이라 함은 공꼴 모양을 의미한다. 핵들은 중심이 없기 때문에 핵자들이 많아질수록 찌그러진 형태를 가지기를 원한다. 그러나 이 마법수를 가지는 핵들은 모두 안정된 공꼴을 유지한다. 특히 양성자와 중성자 모두 마법수를 가지는 핵들은 더욱 안정된 상태를 가진다. 예를 들면 20번인 칼슘인 경우 중성자수가 20번, 28번 등 두 개의 마법수를 가지는데 칼슘-40, 칼슘-48이다. 납-208(^{208}Pb)인 경우 양성자 마법수 82번, 중성자 마법수 126번인 경우이다.

그러나 최근에는 이러한 **마법수를 가지는 핵들도 중성자수가 아주 많아지면 공꼴에서 벗어나 찌그러진다는 사실**이 밝혀지고 있다. 즉 극단적으로 양성자수와 중성자수가 다른 환경에서이다. 이러한 연구는 결국 중성자별 구조를 이해하는 데 큰 도움을 주고 있다. 아울러 별에서 일어나는 원소 합성의 길을 미리 예측하는 데 큰 역할을 하기도 한다. 이러한 관계로 희귀동위원소 연구는 대단히 중요하다.

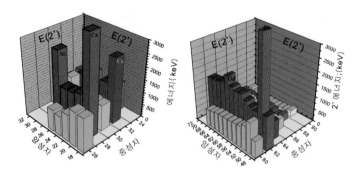

그림 3.18 원자핵의 주기성. 마법수 20, 28, 50, 82번 등을 가지는 핵들의 에너지가 높다. 그만큼 안정하다는 뜻이다. 특히 50번과 82번을 가지는 주석-132(^{132}Sn)의 에너지를 보기 바란다. 중성자수 82번과 90번의 높이를 비교해보라. 높이가 낮은 핵들은 공꼴이 아니라 찌그러진 모양을 가지고 있다.

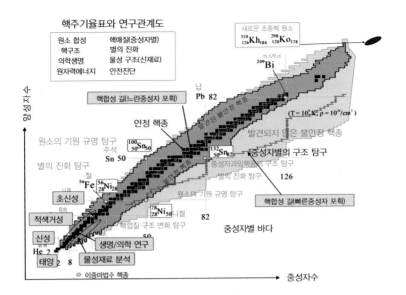

그림 3.19 핵 주기율표와 관련 연구 주제들. 불안정 동위원소들은 양성자 포획, 중성자 포획 등으로 생성이 되며 안정 동위원소로 붕괴된다. 이것이 오늘날 지구는 물론 우주에서 발견되는 원소들이다. 별의 크기와 밀도 그리고 온도에 따라 핵합성 길이 달라진다. 중성자수가 많아질수록 중성자 포획(잡힌다는 뜻)에 의한 핵합성이 활발해지는데 이를 빠른 중성자 포획 과정이라고 부른다.

3.2.3 핵 주기율표와 희귀동위원소 과학

이제 핵 주기율표에 어떠한 과학이 스며들어 있는지 그림을 보며 설명하겠다. 그림 3.19는 핵 주기율표에 표시된 다양한 핵종들과 그에 관련된 과학 연구 영역을 표시하고 있다.

이러한 연구 주제들은 앞으로 희귀동위원소 빔을 생산하는 가속기('라온'이라고 부른다고 하였다)가 가동되면 다루어질 중요한 분야들이다. 더 자세한 내용들은 나중 가속기 활용 편에서 나온다.

3.2.4 원소 주기율과 핵 주기율

원소 주기와 핵 주기 사이에는 어떠한 차이가 있을까?

사실상 이 차이를 아는 것이 중요하다. 원소 주기율표를 보면 2, 10, 18, 36 등에서 껍질이 닫히며 외부와는 반응하지 않은 안정된 원소가 나타난다. 이른바 불활성 기체의 등장이다. 이와 반면에 핵 주기율표에 있어서는 2, 8, 20, 28번 등이 이에 해당되는 번호이다. 왜 이런 차이가 날까? 그것은 원자 구조를 지배하는 힘과 핵의 구조를 지배하는 힘이 다르기 때문이다. 당연히 물리 법칙에 쓰이는 수학적인 식이 다르다. 이를 퍼텐셜 에너지라고 부른다. 이제 칼슘 원소를 들어 재미있는 비교를 해보자. 칼슘은 양성자가 20개이며 따라서 당연히 마법수에 해당되는 안정된 핵종이며 공꼴을 가진다. 따라서 칼슘은 비교적 풍부한 원소족에 속한다. 그런데 원소의 주기율, 즉 원자 구조를 보면 꽉 찬 껍질(18번)에서 두 개가 더 많다는 사실을 알 수 있다. 즉 전자 두 개가 가장 바깥 껍질 궤도(고등학교 등에서 **최외각**이라고 부르는 용어이다)를 돌고 있다. 이 조건에서 전자 두 개는 여차하면 밖으로 뛰쳐나갈 수 있다는 말이다. 이러한 성질은 우리 인체 내에서 칼슘이 +2가의 이온 상태로 반응하는 밑거름이 된다. 8번인 산소를 보자. 산소 핵 역시 공꼴을 가진 마법수 핵이다. 그런데 원소 주기율표 상에서는 16족이며 이는 안정된 전자 궤도에 있어 두 개의 전자가 모자란다는 뜻이다. 달리 말해 이번에는 전자 두 개를 어떡하든 채워 넣으려고 한다. 이 성질이 곧 강력한 산화 반응을 일으키는 원동력으로 작용한다. 물의 구조를 보면 알 수 있다. 흔히 H_2O라고 하는데 산소가 두 개의 수소원자에서 전자 두 개를 가져가며 안정된 분자를 이루고 있음을 알 수 있다. 사실상 원소의 주기율이 왜 그렇게 나오는지에 대한 이해는 원자의 구조가 현대 물리학에 의해 밝혀지고 난 후 이루어졌다. 처음 주기율표를 만든 과학자는 그 이유는 모르고 데이터를 보면서 주기성을 발견한 것이다. 그 속에 들어 있는 원인을 알기 위해서는 보다 속을 들여다 볼 수 있어야 하며 이를 법칙에 적용하여야 한다. 이것이 과학의 속성이다.

여기서 다루는 가속기에 얽힌 과학은 그 조그만 세계인 원자핵의 구조와 상호 작용이 저 드넓은 우주를 이해하는 데 직결된다는 자연의 속성을 대변한다. 별들의 일생과 그 주기성이 바로 원자핵의 주기성과 연결되는 것이다.

3.3 별의 주기율표

3.3.1 별 주기율표: H-R 도형

그럼 별에도 주기율표가 있을까? 있다. 흔히 H-R 도형이라고 부르는 것이다. 그림 3.20을 보자.

여기서 H와 R은 과학자 이름들로 Hertzsprung-Russell의 첫 글자이다. 이러한 별의 주기율표를 만든 사람들이다. 이 도형은 별의 표면온도와 별의 밝기를 가로-세로축으로 하여 분류시킨 것으로 별의 종류, 별의 탄생과 죽음, 원소의 합성 등을 일목요연하게 나타낼 수 있다. 특히 태양의 크기를 중심으로 하여 나타내는데 그러면 이해하기가 쉽기 때문이다.

태양은 보통별이며 별 주기율표에서 주계열 길을 따른다. 별에는 태양보다 몇십 배, 몇백 배 큰 별들이 많은데 이러한 별을 큰별(한자말로

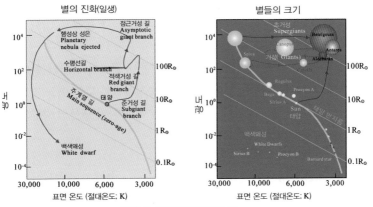

절대온도 K는 섭씨온도(℃)에 273을 더하면 된다

그림 3.20 별의 주기율표인 H-R 도형. 왼쪽 것은 별의 일생을 그린 것으로 주계열 길(태양이 있는 곳)에서 시작하여 큰별(Giant;巨星)로 변하고 마지막으로 하얀 난장이별(한자로 백색왜성)로 일생을 마치는 모습이다. 오른쪽은 별들의 크기를 나타낸 것으로 우리에게 익숙한 1등성 별들이 큰별에 속한다. 이러한 큰별들이 마지막 단계에서 폭발을 하는 것이 초신성 혹은 신성이다. 여기서 K는 절대온도를 표시하는 단위로 '켈빈'이라고 부른다. 우리가 일반적으로 사용하는 섭씨온도(℃)에 비해 273을 더한 값이다. 보기를 들면 섭씨 23도(23℃)이면 절대온도는 300K이다. 아주 높은 온도 범위에서는 별반 차이는 없다.

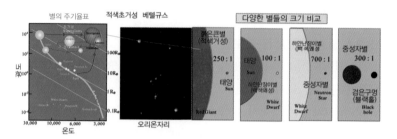

그림 3.21 별의 주기율표와 오리온자리의 붉은 큰 별인 베텔규스의 크기 비교.

거성), 초거성 등이라 부른다. 겨울별자리에서 가장 유명한 오리온자리의 1등성인 베텔규스가 초거성이다. 밤에 보면 붉게 빛나는 것을 알 수 있다. 여름밤에 화려하게 수놓은 전갈자리의 1등성인 안타레스 역시 거성이다. 이러한 거성에서 격렬한 핵반응이 일어나면서 헬륨 이상의 원소가 합성된다. 그리고 나중 폭발하면서 철과 같은 무거운 원소를 온 우주에 뿌려놓는다. 이른바 초신성 폭발이다. 태양은 수소를 다 쓰고 헬륨만 남으면 폭발은 하지 못하고 부풀었다가 원료를 다 뿌리고 난 다음 아주 작은 별, 난장이별로 그 수명을 다한다.

앞에서 원소, 원자, 원자핵 등을 설명하면서 원자의 크기와 핵의 크기를 비교해 본적이 있다. 그리고 태양이 중성자별이 되면 어느 정도 크기가 될 것인지도 알아보았다. 그림 3.21은 여러 가지 별들의 종류와 그 크기를 비교한 것이다.

3.3.2 태양 에너지

이제 우리의 생명줄 태양을 보자. 태양의 비밀을 알려면 속을 보아야 한다. 그림 3.22를 쳐다보며 태양 속에서 무슨 일이 일어나는지 알아보자.

태양 속에서는 격렬한 핵반응이 일어나고 있다. 태양으로부터 받는 에너지는 태양 내부에서 일어나는 핵반응에 의해 생겨난 것인데, 이렇게 별 내부에서 일어나는 핵반응을 **핵융합반응**이라고 한다. 이미 여러 번 이야기를 하였다. 이러한 핵융합반응은 가벼운 핵 두 개가 서로 만나 합쳐질 때 생긴다. 그런데, 합쳐지기 전의 두 개의 핵이 갖는 에너지는

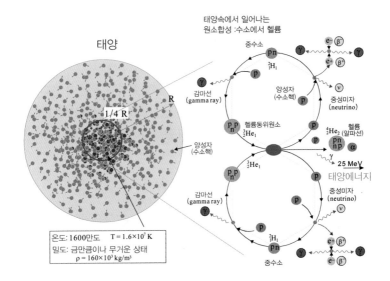

태양

태양속에서 일어나는
원소합성 :수소에서 헬륨

중수소

양성자
(수소핵)

헬륨동위원소

감마선
(gamma ray)

중성미자
(neutrino)

헬륨
(알파선)

25 MeV
태양에너지

R

1/4 R

감마선
(gamma ray)

중성미자
(neutrino)

양성자
(수소핵)

온도: 1600만도 $T = 1.6 \times 10^7$ K
밀도: 금만큼이나 무거운 상태
$\rho = 160 \times 10^3$ kg/m³

중수소

그림 3.22 태양과 원소합성. 수소핵인 양성자들이 융합하면서 최종적으로 헬륨 원소가 만들어
진다. 이 과정에서 감마선으로 에너지를 방출한다.

합치고 난 후의 핵보다 에너지가 높은데 그 여분의 에너지가 핵반응을
통하여 나온다. 이것을 보통 우주선(우주에서 나오는 방사선의 의미임)이라
고 부른다. 태양과 같이 보통의 별에서는 주로 수소 기체가 대부분이고,
다음으로 헬륨 기체가 존재하고 있다.

그림 3.22에서 중요한 것이 양성자 두 개가 결합하면 그대로 합성되
는 것이 아니라 양성자가 중성자로 변하는 과정을 겪는다는 사실이다.
이때 베타마이너스와 중성미자가 나온다. 이러한 신비로운 입자는 이미
앞에서 설명을 하였다. 그리고 알파입자의 동위원소인 헬륨-3 두 개가
합쳐지면서 최종적으로 헬륨핵이 조성된다. 이때 감마선이 방출되는데
그 에너지가 약 25 MeV이다.

그러면 이 에너지는 바로 지구로 올까? 천만의 말씀!

태양의 중심에서 탄생된 이 감마선이 밖으로 나오기 위해서는 무수한
충돌을 겪어야 한다. 그럼 어느 정도의 시간이 걸릴까? 놀라지 말라, 15만
년 정도 걸린다. 그리고 에너지를 잃어버려 감마선이 아닌 우리에게 보

이는 가시광선이나 그 보다 약간 높은 자외선으로 방출된다. 이것이 우리의 생명줄인 태양에너지이다.

그리고,

태양은 약 40억 년 후 수소에 의한 핵반응이 끝나면 부풀어 올라 붉은 큰별(적색거성)로 되고 최종적으로 하얀 난장이별－백색왜성(白色矮星)－로서 일생을 마친다. 물론 그때까지 지구는 존재할 수도 없다. 태양에 의해 삼켜지고 말기 때문이다.

3.3.3 별: 원소 제조 공장

별들은 어떻게 해서 태어나는가. 우주 공간은 별들을 제외하면 아무 것도 없는 것처럼 보이지만 별들과 별들 사이에는 많은 기체와 먼지들이 있는데 이것을 흔히 성간물질이라고 부른다. 이러한 성간물질 대부분은 기체 성분의 수소로 이루어져 있는데, 이러한 기체는 마치 구름과 같이 뭉쳐 있게 된다. 그리고 이러한 구름이 많이 모이면 그 속에는 뜨겁고 희박한 형태의 기체가 존재하고, 장소에 따라 여러 가지 중성의 원자들과 이온화된 원자 및 분자들과 자유 전자들이 만들어진다. 이때 장소에 따라 거대한 분자구름이 만들어지고 이러한 분자구름은 태양을 100개에서 100만 개 정도 만들 수 있을 만큼 많은 물질을 포함하기도 한다. 무려 그 지름이 50에서 200광년에 이르는 것도 있다. 물론 여기서 **광년은 빛으로 1년간 달린 거리**를 뜻한다. 빛은 1초에 지구를 일곱 바퀴 반을 도는 속도를 가진다. 이러한 분자구름은 보통의 성간구름에 비해 밀도가 높은데 이러한 밀집된 중심핵에서 별들이 탄생하게 된다. 즉 분자구름이 중력에 의해 격렬하게 수축이 되면 아주 밀도가 높고 온도가 높은 덩어리들이 만들어지고 이곳에서 소위 **핵반응**이 일어난다. 이러한 핵반응에 의해 중력과 압력이 균형을 이루게 되며 스스로 빛나는 별이 탄생하는 것이다. 이렇게 별이 탄생하는 곳으로 유명한 곳이 오리온자리에 있는 오리온 대성운이다. 그림 3.23의 가운데 붉은 곳이며 오른쪽에 확대된 모습을 볼 수 있다.

별 내부에서의 핵반응과 원소 합성에 대해서는 가속기 활용 연구 편

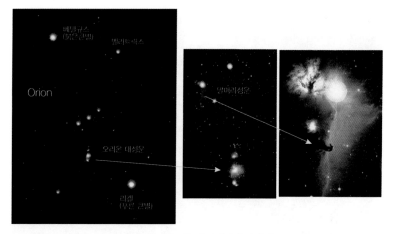

그림 3.23 오리온자리. 가운데 별 세 개(오리온의 허리띠에 해당됨) 밑에 구름처럼 보이는 것이 오리온 대성운(the Great Nebula)이다. 오른쪽 그림은 그 확대된 모습이며 말머리성운은 더욱 확대를 시켰다.

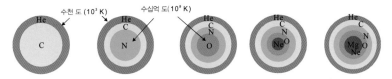

적색거성에서의 핵합성: 탄소, 질소, 산소, 네온, 마그네슘 원소 탄생

그림 3.24 붉은 큰별에서 만들어지는 각종 원소들.

에서 자세히 다룬다. 이미 알고 있듯이 이러한 핵융합반응은 가벼운 핵 두 개가 서로 만나 합쳐질 때 생긴다. 태양과 같이 보통의 별에서는 주로 수소 기체가 대부분이고, 다음으로 헬륨 기체가 존재하고 있다. 헬륨은 다시 뭉쳐져 탄소를 만들고 차례대로 질소, 산소 등을 만들어 나간다. 여기에서 생명에 필요한 가장 중요한 원소들인 탄소, 산소, 질소 등이 생성된다. 그림 3.24를 보라. 그리고 갓 태어난 별들을 그림 3.25에서 보기 바란다.

이와 같이 헬륨이 만들어지고 난 다음에는 이를 토대로 무거운 원소들이 계속 만들어지는데 별의 질량이 크면 클수록 별 중심의 온도가 높아 결국 보다 더 큰 원소들이 쉽게 만들어진다(그림 3.26). 태양보다 10

그림 3.25 플레이아데스 별무리(성단). 신화적으로 일곱 자녀(the Seven Sisters)라고 한다. 이 별들은 태어난 지 얼마 안 된 별들이다. 겨울철 황소자리 오른쪽에서 보인다. 맨눈으로는 희미한 구름처럼 보이나 쌍안경으로 보면 5~6개의 밝은 별로 보인다. 오른쪽 아래 모습은 지은이가 직접 촬영한 사진이다. 금성이 바로 옆을 지나가고 있다. **직접 쌍안경을 가지고 보기 바란다. 무척 아름답다.**

배 이상 무거운 별들은 마지막으로 철(Fe)을 만들어 내는데, 철은 모든 핵 원소 중에서 구속에너지가 가장 높다. 다시 말해 가장 단단히 묶여 있어 이 핵을 부수는 데 가장 큰 에너지가 필요하다. 따라서 철 이상의 원소는 보통의 핵융합반응으로는 생성되지 않는다. 그러면 철 이상의 원소는 어떻게 만들어질까?

그것은 베타붕괴를 동반하는 중성자 포획 반응으로 이루어진다. 별은 핵이 붕괴되면서 중성자를 많이 포함하는 핵들에 의한 알파붕괴 또는 양성자와 전자의 반응에 의해 중성자들이 많이 만들어진다. 이러한 중성자들에 의해 다시 반응이 일어나 질량수 260 근처의 무거운 핵 원소들을 만들어 낸다.

무거운 별들이 위의 과정까지 겪게 되면 이제 탈 수 있는 연료들을 거의 다 싸버린 셈이다. 이때부터 별은 중심핵마저 붕괴하기 시작하는데 이때 수반되는 격렬한 폭발이 **초신성** 폭발이다.

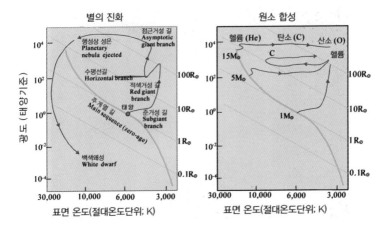

별의 진화

원소 합성

그림 3.26 태양과 태양의 5배, 16배의 별들에 대한 진화의 길. 태양보다 무거운 별들은 단계적인 태움(핵반응을 뜻한다)을 거치며 헬륨보다 무거운 원소들을 만들어 낸다.

결국 초신성 폭발에 의해 이러한 무거운 원소들이 우주 공간을 떠돌게 되고 다시 성간물질을 이루어 새로운 별을 탄생시키게 된다. 우리 지구에서 발견되는 철, 금 등도 아주 먼 옛날 초신성 폭발의 잔해가 태양계의 모태가 되었던 물질에 함유되면서 생겨난 것이라고 할 수 있다. 물론 지구가 만들어지는 수십 억 년 동안에는 많은 초신성 폭발이 있었음은 두 말할 나위가 없다. 우리 은하(약 2000억 개의 별들이 있음)와 같은 크기의 은하에서는 일세기에 한 번 내지 두 번 초신성 폭발이 일어나는 것으로 알려져 있다.

초신성 폭발은 진짜로 있을까?

그림 3.27을 보자. 마치 게의 모양을 닮았다 하여 '게성운'이라는 이름이 붙은 천체 구름 사진이다. 이 게성운이 초신성 폭발의 흔적이다. 이 게성운의 정체는 중국문헌에 의해 밝혀졌다. 즉 1054년도에 낮에도 보일 만큼 아주 밝은 별이 보였다는 기록이 중국문헌에 나타나기 때문이다. 그 당시 초신성 폭발에 의한 엄청난 양의 빛이 낮에도 보인 것이다. 참고로 신성(nova)은 새로 생겨난 별이라는 의미이다.

그림 3.27 초신성의 잔해. 중국 문헌에 따르면 이 초신성은 1054년도에 나타났다. 잔해의 구름 모양이 게를 닮았다 하여 게성운이라고 부른다.

3.3.4 초신성과 한국의 천문 관측

초신성에 대한 기록이 동양에서는 중국에만 있었을까?

천만의 말씀. 우리나라의 기록이 훨씬 많다. 자랑스러운 일이라 할 것이다. 그림 3.28을 보자. 1604년 폭발한 케플러 초신성의 잔해 사진이다. 그리고 그 밝기를 기록한 데이터를 가지고 밝기 변화를 분석한 과학적 결과이다.

기록을 보면 하늘내(天江; 천강) 주변에 나그네별(客星; 객성으로 이른바 초신성)이 나타났다고 하면서 7개월간 꼼꼼히 밝기를 기록하고 있다. 여기서 하늘내 자리는 앞에서 동양별자리를 소개하면서 남쪽 전갈자리와 땅꾼자리 사이에 표기되어 있다. 이른바 땅꾼자리(뱀주인자리라고도 한다. 양쪽에 두 개의 뱀을 잡고 있는 모습을 그리고 있다) 밑에 해당한다.

여기서 보면 우리나라 조선시대 기록물인 조선왕조실록 관측이 얼마나 자세하고 정확했는지 확연히 드러난다. 서양 천문학자들이 감탄을 할 정도이다.

또한 혜성 기록도 유명하다. 그림 3.29는 조선시대 관상감에서 기록한 혜성의 그림이다. 여기서 이러한 우리나라의 기록물을 소개하는 것

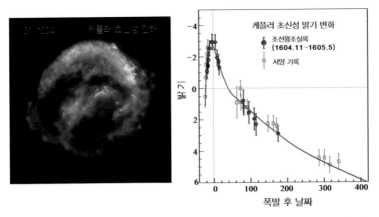

그림 3.28 케플러 초신성(공식적으로는 SN1604)의 잔해 영상(NASA). 가시광선, 적외선, 엑스선 관측기로 얻은 영상을 합성한 것이다. 파란색 부분이 엑스선으로 원소합성의 증거이다. 오른쪽의 것은 케플러의 관측과 우리나라 조선시대에 관측한 것을 토대로 작성된 초신성 폭발 후의 밝기 변화이다.

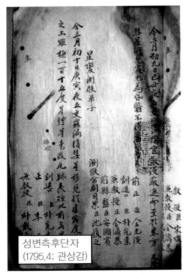

그림 3.29 조선시대 관상감의 별변화 관측 기록인 성변측후단자(星變測後單子)의 혜성 그림.

은 우리들의 역사를 돌아보고 진정한 과학적 토대를 마련하는 데 밑거름을 만들자는 소박한 바람에서이다. 비록 관측과 기록에 의한 자연의 질서를 보고 수학을 바탕으로 하는 물리적 법칙에 따른 과학으로 발전은 못하였지만 선인들의 이러한 기록 정신을 이어받아 새롭고 독창적인 과학이 태어나는 계기가 되었으면 한다. 여기에서 다루는 주제가 가속기를 바탕으로 하는 과학이고 가장 큰 얼개가 우주에서 벌어지고 있는 원소 합성과 이에 따른 에너지의 발산 그리고 별들의 일생에 대한 것이다. 따라서 조상들이 밤하늘을 쳐다보며 하늘의 움직임을 수동적으로 받아드렸던 자세에서 벗어나 능동적이고 독창적인 자세로 인류 과학에 뚜렷한 발자취를 남기는 주인공이 되는 것이다.

이제까지 언급한 별의 탄생과 죽음, 이에 따른 원소의 합성 시나리오, 별들의 모습 등은 모두 첨단 기기들에 의해 측정이 되고 분석이 되며 또한 촬영이 된다. 측정이 되는 것들이 다양한 종류의 **방사선**들이다. **엑스선**도 그 중 하나이다. 이러한 분석 기기들은 또한 '암'과 같은 난치병이나 희귀질병을 퇴치하는 무기로 등장한다. 거듭 강조하지만 이러한 별들에서 일어나는 핵반응과 별의 구조, 초신성 에너지, 중성자별의 내부 등을 연구하기 위한 연구시설이 곧 중이온 가속기 **라온**이다.

3.4 빛 주기율표: 전자기파 스펙트럼

3.4.1 빛과 전자기파

여기서 잠깐 "빛이란 무엇일까?"라고 질문해보자. 그림 3.30을 보자. 빛이란 사실 전기와 자기적인 작용에 의해 나오는 파동에너지이다.

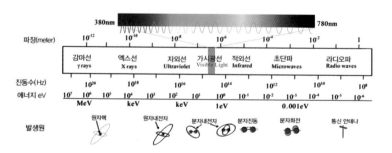

그림 3.30 빛의 스펙트럼. 빛은 전자기파이며 에너지에 따라 그 이름들을 달리한다. 역사적 산물이다.

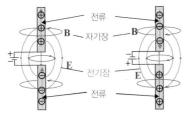

안테나의 원리

움직이는 전하는 전류이며
전류는 자기장을 발생시킨다.
전기장과 자기장은 직각을
이룬다.

전극을 반대로하여
전류가 반대가 되면
전기장과 자기장의
방향도 반대로 된다.

교류전류가 흐르는 두 개의
금속막대로 이루어진 안테나.
순간 전류의 방향이 위쪽일
때의 모습.

그림 3.31 안테나의 원리. 전극을 가하여 전하를 움직이게 하면 전류가 발생하고 이로부터 전기장은 물론 자기장이 생겨난다. 교류 전압을 이용하여 전류의 방향을 주기적으로 바꾸어 전파를 발생시키는 장치가 안테나이다. 이러한 안테나는 가속기에서 이온빔의 발생은 물론 가두는 역할뿐만 아니라 가속시키는 데 일등 공신으로 활약한다.

안테나와 전기장의 전파

안테나에서 진동하는 양전하와 음전하인 전기쌍극자에 의한 전기장 E의 발생 모습.

그림 3.32 안테나와 전기장의 전파. 양전하와 음전하 쌍을 보통 전기쌍극자라고 부른다.

이를 전자기파라고 한다. 보통 줄여서 전파라고 부르기도 한다. 우선 안테나의 원리를 살펴본다.

그림 3.31과 3.32는 통신 안테나의 원리와 발생되는 전파의 모습을 스케치한 것이다. 사실 양전하와 음전하가 교대로 왔다 갔다 하는 과정 (진동)에서 전기장과 자기장이 발생하게 되는데 이때 진동의 빠름과 느림에 따라 이름을 달리 부르고 있다. 이 진동의 크기에 따라 에너지가 다르다. 다만 전파의 속도는 같고 이를 빛의 속도라고 부르고 있다. 흔히 1초에 30만 km라는 값이다. 그림 3.33과 3.34가 이와 같은 사실을 보여준다. 이 그림들을 보면서 전파의 정체는 물론 전기장과 자기장 그리고 빛과의 관계를 이해하기 바란다.

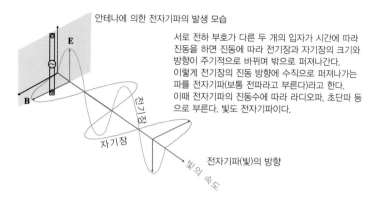

안테나에 의한 전자기파의 발생 모습

서로 전하 부호가 다른 두 개의 입자가 시간에 따라
진동을 하면 진동에 따라 전기장과 자기장의 크기와
방향이 주기적으로 바뀌며 밖으로 퍼져나간다.
이렇게 전기장의 진동 방향에 수직으로 퍼져나가는
파를 전자기파(보통 전파라고 부른다)라고 한다.
이때 전자기파의 진동수에 따라 라디오파, 초단파 등
으로 부른다. 빛도 전자기파이다.

그림 3.33 안테나와 전자기파의 발생. 특히 **라디오파와 초단파 안테나는 라온 가속기의 핵심
인 선형 가속관에서 이온빔을 가속시키는 데 중요한 역할**을 담당한다.

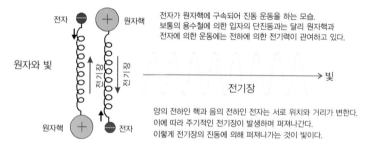

전자가 원자핵에 구속되어 진동 운동을 하는 모습.
보통의 용수철에 의한 입자의 단진동과는 달리 원자핵과
전자에 의한 운동에는 전하에 의한 전기력이 관여하고 있다.

양의 전하인 핵과 음의 전하인 전자는 서로 위치와 거리가 변한다.
이에 따라 주기적인 전기장이 발생하며 퍼져나간다.
이렇게 전기장의 진동에 의해 퍼져나가는 것이 빛이다.

그림 3.34 빛의 정체. 원자를 이루는 양전하의 핵과 음전하의 전자가 마주 움직일 때 전자기파
파의 형태로 나온다. 이때 특별한 경우 사람의 안테나인 눈이 감지하는 영역의 전자기파가 빛
이다.

이러한 전자기파는 에너지를 갖고 있고 그 에너지 차이에 따라 다른
이름을 가진다. 엑스선과 빛, 즉 우리가 흔히 이야기하는 가시광선과는
다른 것으로 생각하는 사람들이 많다. 그러나 같다. 감마선도 빛의 일
종이다. 가시광선을 이야기할 때 무지개 색깔을 열거하면서 파장이라는
용어를 등장시킨다. 이것은 파의 파동 성질 중 같은 주기의 길이를 뜻한
다. 이미 앞에서 설명을 한 적이 있지만 강조하는 측면에서 다시 이야기
를 한다. 원을 한 바퀴 도는 데 원의 길이가 파장이다. 그리고 그 한 바
퀴 도는 데 걸리는 시간을 주기, 주기의 역을 진동수라고 한다. 1초에

한 바퀴 돌 때 1헤르츠(Hz)라고 한다. 그리고 일반사회에서는 이를 주파수라고 부른다. 휴대전화의 통신을 얘기할 때 이 용어가 나온다. 그리고 에너지 단위로도 구분이 되는데 전자볼트(eV) 단위로도 구분한다. 이에 대해서는 나중 자세히 설명한다(그림 4.10). 다시 그림 3.30을 보자. 가시광선은 그 파장이 380 nm(나노미터; 10^{-9} m)에서 780 nm, 그 진동수(주파수)가 10^{14} Hz 정도, 에너지가 1.6-3.3 eV임을 알 수 있다.

3.4.2 빛과 온도

이제부터는 별의 색깔과 별의 온도와의 관계를 알아보기로 한다. 우리는 태양 빛을 받으며 살고 있다. 그리고 태양 빛은 하얀색으로 표현된다. 이것은 우리 눈이 감지하는 소위 가시광선 영역에서 나오는 모든 색의 스펙트럼이 합쳐진 결과이다. 그러면 별의 온도, 즉 표면온도와는 어떠한 관계를 가지는 것일까? 우리는 뜨겁게 달군 물체에서는 열뿐만 아니라 빛도 나온다는 사실을 경험을 통하여 알고 있다. 태양 표면온도는 6000도(정확히는 절대온도이며 우리가 사용하는 섭씨온도에서 273을 더한 단위이다)로 밝혀지고 있다. 일반적으로 모든 물체는 사실상 빛을 발한다. 다만 온도에 따라 붉은색도 될 수 있으며, 파란색도 될 수 있으며 자외선도 가능하다. 그림 3.35는 별의 표면온도에 따른 별빛에 따른 광도의 세기를 보여주고 있다. 이러한 곡선은 물리학 법칙에 의해 해석이 된다.

만약에 별의 표면온도가 7000K이면 가장 광도가 센 부분이 가시광선 중 파란색 영역임을 알 수 있다. 따라서 푸르게 빛나는 별들은 표면 온도가 대략 7000도에 달한다. 이와 반면에 5300도 정도의 별의 스펙트럼은 가시광선의 중앙 부분이 가장 세며 따라서 평균적으로 하얀색을 발하게 된다. 태양(6000도)도 이 범주에 속한다. 이제 왜 태양 빛이 하얀색의 빛을 발하는지 이해가 될 것이다. 만약에 4000도 정도의 별이라면 붉게 빛날 것이다. 별들 중 보통 붉은 큰별(Red Giants)들이 이만한 표면온도를 가지고 있다. 큰별들 중 물론 푸르게 빛나는 것들도 있으며 오리온자리의 리겔이 이에 속한다. 다시 앞에서 나온 별의 주기율표 그림을 보기 바란다. 이제는 온도에 따른 별들의 자리매김을 쉽게 이해할 수 있을

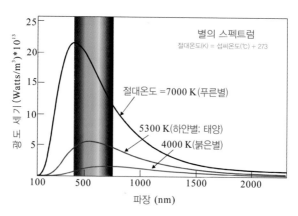

그림 3.35 별의 온도와 파장에 따른 광도 곡선.

것이다.

비로소 빛, 즉 전자기파는 다양한 물리적인 양(에너지, 진동수, 파장, 온도)으로 나타낼 수 있다는 것을 알 수 있게 되었다. 이를 통칭하여 전자기파 스펙트럼이라고 부른다. 다음은 여러분들의 이해를 돕기 위해 스펙트럼의 종류를 소개한다.

3.4.3 빛 주기율표: 전자기파 스펙트럼

복사에너지를 갖는 전자기파가 파장이나 진동수의 넓은 영역에 걸쳐 구분하여 나타내는 것을 전자기 스펙트럼이라고 부른다. 역사적인 사실로부터 7개의 영역으로 나누어 부른다. 파장이 긴 것에서부터 짧은 것으로 나열하면, 라디오파-초단파(마이크로파)-적외선-가시광선-자외선-엑스선-감마선 등으로 불린다. 그러나 이러한 영역은 진동수나 파장이 명확하게 구별되지는 않는다. 이러한 전자기 스펙트럼을 자세히 살펴보기로 하자.

라디오파(radio waves)

보통 전파라고도 부른다. 이 파의 근원은 도체에서의 전하(전자)의 진동이라고 할 수 있으며 이미 쌍극자에 의한 안테나의 원리와 전자기파의 발생에서 근원을 살펴보았다. AM(진폭변조 방식) 방송국에서 방출되는 진동수(주파수)는 535 kHz에서 1605 kHz 사이이다. FM(주파수변조 방식) 라디오는 이 보다 높은데 약 88 MHz에서 108 MHz까지 해당된다. 텔레비전 방송은 소리뿐만 아니라 영상까지 출력해야 하는데, VHF(Very High Frequency) 채널(2에서 13까지)은 54 MHz에서 216 MHz를 갖는다. UHF(Ultra High Frequency) 채널(14에서 83까지)의 범위는 470 MHz에서 890 MHz까지이다.

마이크로파(microwaves)

마이크로파는 1 GHz(10^9 Hz)에서 3×10^{11} Hz 영역의 진동수를 갖는 파이다. 파장으로 대략 30 cm에서 1 mm 범위에 해당된다. 이러한 마이크로파는 레이다 시스템과 주방에서 요긴하게 사용되는 마이크로오븐(전자레인지)에서 이용된다. 기상 레이다 시스템은 몇 cm에 해당되는 마이크로파가 응결된 구름에 보내면 반사되는 파를 다시 수신하는 체계이다.

가속기의 이온 발생기에서 이온빔의 발생 혹은 가속관에서 이온빔의 가속에 쓰이는 파가 라디오파와 마이크로파 영역이다. 종종 이 영역의 안테나를 라디오-진동수 발생기 혹은 마이크로-진동수 발생기라고 부른다.

적외선(infrared)

적외선은 뜨거운 물체에서 발생되며 보통 적외선 복사의 형태로 잘 알려져 있다. 적외선이라 함은 그 진동수가 가시광선 영역 내의 적색광선 바로 아래에 위치하고 있기 때문이다. 대부분의 물질들은 분자들의 열적요동에 의해 적외선을 방출하는데 이러한 적외선의 근본 원천은 분자들의 진동운동으로부터 나온다. 석탄이 탈 때나 나무가 탈 때 적외선이 다량 방출되며 태양에서 오는 복사에너지 대부분이 적외선에 해당된다. 온도가 있는 물체라면 적외선을 방출하며 인간도 예외는 아니다.

가시광선(visible light)

우리가 흔히 빛이라고 부르는 영역의 파이다. 인간의 눈이 감지할 수 있어 볼 수 있는 파라는 의미이다. 빨간색인 진동수 384 THz(384×10^{12}

Hz, 파장; 780 nm)에서 주황, 노랑, 녹색, 파랑을 거쳐 진동수 769 THz (파장; 390 nm)의 보라색까지의 영역이다. 우리가 백색(white)이라고 감지하는 것은 위와 같은 영역의 파장들이 혼합되어 나타나는 햇빛이다. 그리고 단일 진동수 혹은 단일 파장의 빛을 단색광(단일 에너지 빛)이라고 부른다. 레이저 포인트에서 나오는 레이저 빔은 단색광의 일종이다. 빛을 입자형태인 광자로 보면 이러한 가시광선에 해당되는 광자들의 에너지 범위는 1.6 eV에서 3.2 eV이다. 빛의 입자를 광자라고 부르는데 그 에너지는 진동수에다 특정의 상수를 곱한 값이다. 이때 특정의 상수를 플랑크 상수라고 부른다.

자외선(ultraviolet)

자외선의 진동수 영역은 8×10^{14} Hz $\sim 2.4 \times 10^{16}$ Hz이다. 이를 eV 에너지로 환산하면 3.3 eV $\sim$ 100 eV 정도가 된다. 이러한 자외선은 에너지가 가시광선에 비해 상대적으로 높기 때문에 피부 속까지 침투해 들어갈 수 있다. 따라서 세포를 파괴시켜 암을 유발시킬 수 있다. 특히 가시광선 바로 옆에 해당되는 파장이 300 nm 이하의 자외선은 피부에 비타민 D를 생성시켜 피부를 검게 그을리기도 한다. 지구에 들어오는 많은 자외선들은 오존층에서 흡수되는 것으로 알려져 있다.

수소원자를 포함하여 모든 원자들에서 전자들이 점유하는 에너지 준위 배열이 자외선을 비롯한 가시광선 등의 주된 공급원의 역할을 한다. 분자인 경우에도 원자들이 서로 결합하면서 공유 결합의 형태를 갖게 되면 보다 단단히 묶여져 전자들의 에너지 준위는 자외선 영역이 되기도 한다. 특히 질소기체(N_2), 산소기체(O_2), 이산화탄소(CO_2), 물(H_2O) 등도 전자들의 에너지 준위가 자외선 영역에 속한다. 따라서 자외선을 강하게 흡수(공명 현상)하는 성질을 갖고 있다. **이러한 이유로 하늘이 푸르게 보인다.**

엑스선(X rays)

엑스선의 진동수 영역은 2.4×10^{16} Hz $\sim 5 \times 10^{19}$ Hz 범위이며 파장이 대략 1 nm에서 0.01 nm 정도에 해당된다. 따라서 엑스선의 파장은 원자 크기(0.1 nm ~ 0.5nm)보다 대부분 짧다고 할 수 있다. 광자 에너지로는 0.1 keV에서 200 keV 정도 사이이다. 이러한 엑스선은 높은 원자번호를 갖는 원자들의 전자 전이에서 나오며 고속으로 대전된 입자들의 가속에 의해서도 생성된다. **이렇게 엑스선은 에너지가 높기 때문에 투과력이 세어 몸의 내부를 촬영할 수 있는 용도로 쓰이기도 한다. 또한 물질 내부의 결정 원자 구조나 유전자(DNA) 등의 분자구조 연구 등에도 사용된다. 싱크로트론에서 엑스선을 만들어 물질 분석에 이용되는 이유가** 여기에 있다.

감마선(gamma 혹은 γ rays)

감마선은 파장이 0.01 nm 이하이며 진동수가 10^{20} Hz 이상인 가장 높은 에너지 빛이다. 광자 에너지로는 주로 MeV(10^{9} eV)에 해당된다. 이러한 높은 수준의 에너지는 원자핵을 이루는 핵자들인 양성자와 중성자의 구속(결합)에너지에 해당되는 것으로 감마선은 이러한 핵자들이 핵 내에서 전이를 할 때 발생한다. 또한 핵의 분열이나 융합하는 핵반응에서 다량으로 생성된다. **가속기에 얽힌 과학에서 가장 중요하게 다루는 측정 대상이다.**

4장

가속기 이야기

4.1 가속기란

4.1.1 가속기 원리

먼저 가속이라는 단어를 상기하자. 앞에서 우리는 사과가 떨어질 때의 운동 모습을 본적이 있다. 그리고 속도가 증가하는 것을 가속도라고 불렀다. 그리고 물체의 가속도는 힘이 그 물체에 가해졌을 때 나타나는 현상임도 밝혔다. 여기서 **가속기**라 함은 바로 물체를 가속시킬 수 있는 기계 장치를 말한다. 물체라 함은 사과나 돌멩이 같은 것이 아니라 물체를 이루는 기본 원소 입자를 말한다.

조금 더 구체적으로 정의한다면 가속기란 입자를 가속시켜 빔을 만들고 그 빔을 물질과 충돌시켜 물질 속의 입자들과 반응을 일으키는 장치이다. 따라서 정확하게는 **입자 가속기**라고 불러야 한다. 이로부터 물질의 기본인 원자핵, 원자, 분자들의 내부 구조는 물론 각종 물질의 성질을 연구하는 데 사용된다. 여기서 입자는 우리가 흔히 말하는 수소, 탄소, 산소 등의 개별적인 원자를 말한다. 그리고 빔은 이러한 입자들이 흐트러지지 않게 나가는 입자 이온들의 흐름이다. 레이저 빛과 같은 모습이라고 상상하면 된다. 그리고 이온이라 함은 위와 같은 원자들이 가지고 있는 전자들이 빠져나가거나 들어온 상태이다. 특히 수소와 헬륨 이상의 입자 이온을 **무겁다는 의미로 중이온**이라고 부른다. 이와 같은

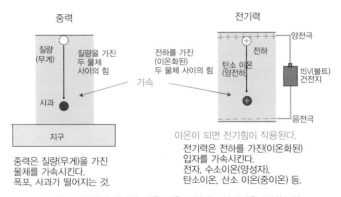

그림 4.1 중력과 전기력. 닮은 점은 무엇이고 차이점은 무엇일까?

이온 상태를 전하를 갖는다고 하며 전하는 물질의 고유 성질로 그 기본은 수소원자 핵인 양성자와 전자이다. 그리고 전하를 가진 입자들 간의 힘을 전기력이라고 부른다고 하였다.

자! 이제 우리가 흔히 말하는 중력과 전기력의 닮은 점과 다른 점을 다른 각도로 살펴보자. 물론 같은 점은 '힘'이다. 힘이 물체에 주어지면 물체는 움직이며 가속이 된다. 사과가 떨어지는 경우이다. 이것은 지구라는 물체와 사과라는 두 물체 사이에서 작용되는 중력의 결과이다. 이 과정에서 지구에서 떨어지는 물체는 점점 속도를 내며 떨어진다. 즉 가속된다는 사실이다. 2층 아파트에서 떨어뜨린 사과보다 5층 아파트에서 떨어지는 사과가 땅에 닿았을 때 더 힘세게 부딪치는 이유가 더 먼 거리를 가면서 그만큼 속도가 커지기 때문이다. 그런데 이러한 가속 힘은 중력에만 있는 것이 아니라 전기력에도 존재한다. 눈에는 안보이지만 우리가 일상에서 쓰는 전기적인 기기들—물론 휴대전화도 포함되는데—이 전기력에 의해 전자를 움직여 원하는 에너지는 물론 통신, 디지털 사진 등이 가능하도록 한다. 여기서 중력과 완전히 다른 점이 '전하'라는 성질이다. 중력에 있어 질량과 대비되는 물질의 속성이다.

이번에는 자석의 정체를 알아보자.

우리는 전기 에너지를 일상적으로 사용하면서도 자석이 전기와 연관되어 있다는 사실을 잘 알지 못한다. 그림 4.2에서 보듯이 자석은 전하의 운동으로부터 나온다. 전류는 사실 전자들의 흐름이다. 자석이라 하지만 그것은 역사적으로 자석이 발견되면서 나온 일반적인 용어이고 학술적으로는 자기쌍극자라 한다. 그리고 그 힘이 미치는 공간을 자기장이라고 한다. 전기장을 상기하자. 즉 전기장은 두 개의 고정된 전하 사이의 힘이고 자기장은 두 개의 전하가 왔다 갔다 할 때 발생하는 전기적 힘이다. 이러한 자기장은 전하를 띤 입자 빔의 방향을 조절하고 질량을 선별하는 데 큰 역할을 한다. 더 나아가 빔을 한 곳으로 모으는 역할, 즉 렌즈와 같은 역할도 한다.

이번에는 '가속기는 어떠한 일을 해요?'라고 질문해보자. 답은,

'측정 데이터를 통하여 현미경, 망원경, 사진기의 역할을 한다'고 보

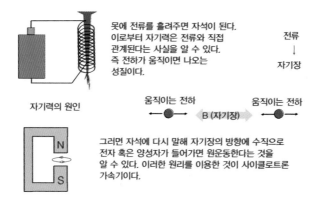

그림 4.2 자석의 정체. 전하가 운동을 하면 자석의 성질이 나오며 이를 자기장이라고 한다. 이와 반면에 정지된 두 전하 사이의 힘의 분포를 전기장이라고 한다. 앞에서 안테나와 전자기파의 발생 원리에서 이미 언급이 된 현상이다.

면 된다. 보기를 들면 엑스선 사진 등이 이에 속한다. 사진은 정적인 사진과 동적인 사진 등으로 구별된다. 그리고 측정 대상들은 우선 **빛(엑스선, 감마선 등), 베타선(전자), 알파선(헬륨원자핵),** 입자선(양성자, 중성자, 탄소, 산소 등) 등이다.

4.1.2 가속기 구조

그림 4.3은 입자 가속기의 원리를 설명하는 그림이다. 탄소 이온 빔을 보기로 들며 설명하기로 한다. 먼저 기체 상태의 중성의 탄소 원자를 기체 상태로 이온발생기로 보낸다. 이온발생기에는 음으로 대전시키는 필라멘트가 있고 여기에서 탄소 기체는 전자를 잃으면서 양의 탄소 1가 이온과 음전하의 전하가 혼재하는 플라즈마 기체가 된다. 이렇게 +1가를 가진 탄소는 앞에서 설명하였듯이 전기 에너지(여기서는 전기장이라고 표시)를 받아 가속화된다. 경우에 따라 가속관에 탄소 필름을 달아 +1가의 탄소 이온을 +6가의 이온으로 만들기도 한다. 왜냐하면 전하 상태 값이 크면 클수록 높은 에너지를 얻을 수 있기 때문이다. 2극 자석(자기장 발생 장치)을 설치하여 이러한 탄소 빔의 방향을 조절하고 탄소 빔의 종류와 속도까지 측정하게 된다. 탄소에는 12번과 13번의 안정 동위원소가 존재한다. 그러나 반감기가 아주 긴 14번도 자연 상태에서 극소량

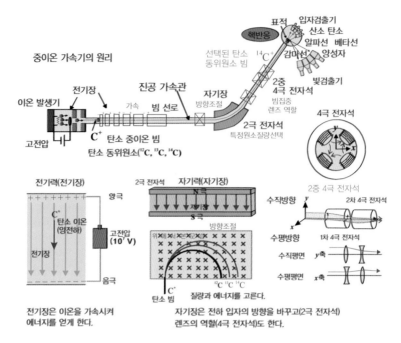

그림 4.3 중이온 입자 가속기 원리. 전기력, 즉 전기장은 이온을 가속시키는 역할을 한다. 이와 반면에 자기력(자기장)은 이온의 방향을 바꾸고 하며 동위원소 이온의 질량을 고르는 역할을 한다. 2극 자석은 전하 입자의 방향을 바꾸는 역할을 하며 4극 전자석은 빔을 퍼지지 않도록 잘 가두어 정확하게 표적을 맞추도록 한다. 여기서 **전기력이 미치는 공간을 전기장, 자기력(자석 이라고 생각하면 쉽다)이 미치는 공간을 자기장이라고 부른다.** 그리고 x 표시는 종이 면을 뚫고 들어가는 자기장의 방향을 뜻한다.

포함되어 있다. 이를 생각하여 여기에서는 탄소 동위원소 중 14번이 골라지는 것을 보기로 들었다.

　이어 빔이 퍼져나가는 것을 방지하기 위해 이른바 렌즈의 역할을 하는 4극 전자석을 이중적으로 설치하면 원하는 표적에 정확하게 도달시키게 된다. 그런데 2차 빔을 만들기 위해서는 사전에 핵반응을 일으키고 그 반응에서 나오는 특정의 동위원소를 골라내야 한다. 위에서 들었던 2극 전자석이 그 역할을 담당하는데 이때 전하 상태와 핵의 질량 비율에 있어서 고르기가 힘든 상황이 발생하게 된다. 그리고 조금씩 다른 에너지를 가진 동위원소들도 같이 움직이게 된다. 에너지가 다르다고

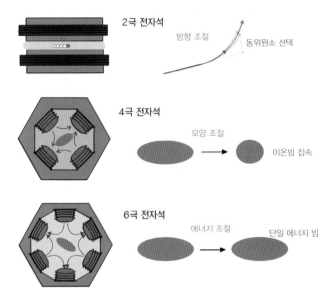

그림 4.4 2극, 4극, 6극 자석의 구조와 그 역할.

하는 것을 무지개를 생각하면 이해하기가 쉽다. 보통의 경우 빛은 백색이다. 그러나 무지개를 보면 색이 다양하게 나온다. 이것은 빛의 파장, 다시 말해 에너지가 다른 빛들이 구분이 되기 때문이다. 구분이 되는 것은 물방울 속에서 빛이 다르게 회절되기 때문이다. 이때 원하는 색의 빛은 그 색에 대응되는 에너지를 가진 단일 에너지 빛이다. 이러한 경우 단색광이라고 부른다. 빔에 있어서도 빛과 같이 조금씩 다른 에너지를 가진 동위원소들이 포함되어 있는 경우가 많다. 이를 단일 에너지로 조절하며 모아주는 역할을 하는 것이 6극 자석이다. 그림 4.4를 보자.

이제 가속기의 첫 핵심 장치인 이온 발생기를 방문하자.

4.1.3 이온 발생기

먼저 이온 발생기라는 용어에 대해 알아보자. 영어로는 Ion Source라고 한다. 그대로 해석하자면 이온원(源), 즉 '이온샘'이 된다. 그러나 엄밀히 이야기하자면 이온을 만들어 주는 장치에 해당된다. 보통 이온원

음극선관(브리운관) TV 디스플레이 개념도

그림 4.5 음극선관 텔레비전과 구조. 전자 가속기와 원리가 같다.

으로 부르며 그렇게 사용하고 있다. 그러나 이해를 쉽게 하기 위해서는 이온 발생기라고 해야 옳다. 여기에서는 이온 발생기라고 부르겠다.

그리고 이온빔에 대한 명확한 정의를 내릴 필요가 있다. 왜냐하면 가속기를 사용하여 빔을 만드는 것에는 원소들뿐만 아니라 전자도 포함하기 때문이다. 그런데 전자는 물체를 뜨겁게 달구기만 해도 나온다. 이를 열전자라고 부른다. 사실 전자 가속기는 우리 일상생활에서 자주 만날 뿐만 아니라 가지고도 있다. 가장 대표적인 것이 음극선관 텔레비전이다. 지금은 거의 사라지고 있지만 20여 년 전만 하더라도 집집마다 있었던 TV이다.

그림 4.5를 보자. 텅스텐 등의 필라멘트에 고전압을 가해주면 열이 발생하면서 전자들이 튀어나온다. 금속 구멍을 설치하여 사방으로 퍼지는 전자들을 한 방향으로 유도하고 전기장과 자기장으로 전자들의 운동 방향을 상하와 좌우로 바꾸면서 스크린으로 보낸다. 스크린에는 전자를 받으면 빛을 내는 물질인 발광체가 있고 발광되는 빛을 전기적으로 그 세기를 조정하면 전송된 데이터가 영상으로 재현된다. 이러한 장치를 음극선관(Cathode Ray Tube; CRT)이라 부르는데 여기서 물론 음극선은 음전하의 전자 빔을 말한다. 그런데 이러한 CRT는 발명한 과학자의 이름을 따서 브라운관으로 더 잘 알려져 있다. 그리고 TV뿐만 아니라 컴퓨터, 오실로스코프 등 과학 사회에서도 폭넓게 디스플레이로 사용이 되어 왔다.

이 브라운관 TV가 가속기, 특히 전자 가속기의 구조와 똑같다! 이미

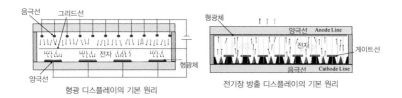

형광 디스플레이의 기본 원리

전기장 방출 디스플레이의 기본 원리

그림 4.6 전자 방출을 이용한 디스플레이 종류.

집집마다 가속기를 갖추고 있던 셈이었다.

하지만 2000년대 들어서면서 소위 평판 디스플레이(평판이라는 용어
는 기존의 CRT 화면이 곡률을 가진 것에 대한 대비로 사용되었다)가 출현하
면서 차츰 사라지기 시작한다. 현재 평판 디스플레이는 액정 디스플레
이(Liquid Crystal Display; LCD), 유기발광다이오드 디스플레이(Organic
Light-Emitting Diodes; OLED)가 주류를 이루고 있다. 그러나 처음 얇은
평판 디스플레이가 출현을 할 때에는 다양한 종류가 선보였었다. 그중에
플라즈마 디스플레이, 전기장 방출 디스플레이, 형광 디스플레이 등이
있었다. 이 중 전기장 방출 디스플레이와 형광 디스플레이는 음극선관
디스플레이처럼 전자를 방출시키는 방법을 사용한다. 그림 4.6을 보자.

형광 디스플레이는 기존의 브라운관 구조와 거의 비슷하다. 그리고
전기장 방출 디스플레이는 전자의 방출을 강한 전기장으로 일으키는 점
이 다르다. 이때 전기장에 쉽게 방전시키기 위해 금속을 뾰족하게 만든
다. 사실 가속기의 이온 발생기 중 이러한 방법을 채택하기도 한다. 처
음 전기장 방출 디스플레이가 선보였을 때는 전문가들로부터 미래 디
스플레이로 큰 각광을 받았었다. 금속 표면에 강한 레이저를 쏘아 전자
를 방출시키기도 하는데 물리학적으로 광전자 방출이라고 부른다. 여기
에서는 이러한 전자 빔과 이에 따른 가속기에 대한 언급은 피한다. 다만
나중 원형 싱크로트론 가속기를 다룰 때 전자 빔에 의한 강한 엑스선 발
생과 이에 따른 응용 가속기에서 다시 한번 등장할 것이다. 이제 진정한
이온 발생기와 이에 따른 이온 빔에 대하여 살펴보도록 하자.

이온 발생기는 특정의 원자를 이온화시켜 이온빔으로 만드는 장치이

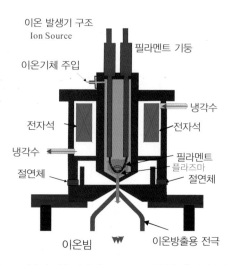

이온 발생기 구조
Ion Source

필라멘트 기둥

이온기체 주입

냉각수

전자석

전자석

냉각수

필라멘트
플라즈마

절연체

절연체

이온빔

이온방출용 전극

그림 4.7 가속기 이온 발생기(ion source: 이온원(源))의 일반적 구조.

다. 그림 4.7을 보자. 원자를 이온화시킨다는 것은 원자의 전자를 떼어
내거나 붙이는 것을 말한다. 떼어내면 양이온, 붙이면 음이온이 된다.
이온 만들기에는 우선 기체인 수소, 산소, 아르곤 등의 원소가 고체 상
태의 원소들보다는 쉽다. 탄소와 같은 고체 시료이면 탄소를 우선적으
로 뜨겁게 가열시켜 기체화를 시키는 절차가 필요하기 때문이다. 따라
서 처음 시작할 때에는 기체 원소를 이온샘으로 사용하는 경우가 많다.
대부분 사용되는 빔은 양이온 상태이다. 그러나 간혹 음이온을 만들어
가속시키는 경우가 있다. 음이온을 만드는 방법 중 하나가 해당 원소 금
속에 세슘을 강하게 때리는 것이다. 세슘은 원자가 1가인 알칼리 족으
로서 쉽게 전자를 내주는 경향이 있어 반응 물질 원자에 전자가 전달되
는 효과를 가져다준다. 이로부터 음이온이 발생하게 된다. 다른 방법도
비슷한데 원래 양이온을 알칼리 족 원소 기체 속을 진행시켜 만든다. 비
록 1% 정도로만 음이온이 되어도 나머지 양이온들을 전기장이나 자기
장에 의해 제거시키면 순수한 음이온 빔을 만들 수 있다. 음이온 빔은
탄뎀 반데그라프 가속기에서 주로 사용된다.

앞에서 기본적인 이온 발생기 구조를 보였는데 원하는 이온을 만들기

위해서는 가열할 필요가 있다는 사실을 알 수 있다. 가열하는 방법은 물론 열전자에 의한 것이 보편적이지만 레이저에 의한 것 등도 있다. 하지만 가장 각광을 받는 것이 이러한 가열장치 없이 중성의 기체를 가열시켜 플라즈마 상태를 만드는 방법이다. 흔히 **전자-사이클로트론-공명**(electron cyclotron resonance; ECR) 이온 방법이라고 부른다. 이 방법은 원소 기체를 주입하고 여기에다 라디오파를 입사시켜 가열시키는 원리를 이용한 것이다. 위에서 든 2극 자석과 6극 자석을 교묘히 조합하면 플라즈마 상태의 전자들을 원운동시키면서 가둘 수 있는데 이러한 전자들의 원운동은 자기장에 의해 발생한다. 2극 자기장에 전자가 들어가면 방향이 휘면서 원운동한다는 사실을 여러 번 강조했다. 사이클로트론이 이 원리에 의해 탄생을 했다. 이때 전자들은 기본 전하 크기와 질량을 가지고 있는데 이 비율, 즉 전하/질량(보통 q/m으로 표시) 값이 자기장에서 원운동할 때 기본 값으로 적용된다. 여기에다가 자기장의 세기(보통 B로 표시)가 곱해지면, $(q/m)B$, 원운동의 진동수가 결정된다. 즉 원운동의 주기(실제로는 각진동수로 2π로 나누어 주어야 함)가 주어진다는 말이다. 이때 라디오파를 전자들의 원운동의 주기에 맞추어 입사시키면 전자들의 회전 운동을 가속화시킬 수 있다. 그러면 전자들이 원운동하면서 나가게 된다. 마치 스프링의 곡선 운동과 같은 모습이다. 그림 4.8을 보자.

이러한 방법으로 이온들의 전하 상태를 점점 많게 한다. 다시 말해 이온화 상태를 높게 만드는 것이다. 예를 들면 아르곤인 경우 이온가가 최대 +18인데 자기장의 세기에 따라 +9 혹은 +10까지도 가능하다. 그런데 여기서 주목할 것이 있다. 그것은 전자들은 가벼워 쉽게 운동을 할 수 있으나 무거운 양이온은 그렇지 못하다는 사실이다. 산소나 아르곤 원자를 생각해보면 쉽게 이해가 갈 것이다. 전자에 비해 3만 배, 8만 배나 무겁다. 그러나 이러한 이온들도 빠르지는 않지만 서서히 전자들을 따라 움직인다. 왜 그럴까? 전자 덕분이다. 사실 플라즈마 상태라 하여도 전체적으로는 양전하와 음전하 수가 거의 같은 중성의 상태이다. 왜냐하면 처음부터 중성의 원자를 이온화시켰기 때문이다. 그러면 양전하

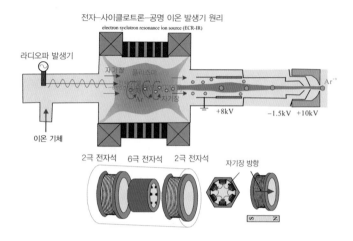

그림 4.8 전자–사이클로트론–공명 이온 발생기 원리. 라디오파에 의해 주입된 이온 기체가 가열되면서 플라스마 상태로 된다. 전자들은 라디오파 주기에 맞추며 자기장의 힘을 받아 원운동하며 나아간다. 이러한 전자들의 운동에 따라 이온 역시 움직이게 되며 이온빔으로 탄생하게 된다. 아르곤 빔을 예로 들었다.

를 가진 이온들은 중성 상태를 가지려고 한다. 즉 전자와 결합하고 싶어 한다. 그 결과 전자들을 따라가는 것이다. 결국 전자와 같은 방향으로 움직이는 결과를 일으킨다. 이러한 현상을 전자의 **공간 전하 퍼텐셜** 상태라 한다. 그리고 전자들은 전극에 의해 쉽게 잡아끌어 없애 버린다. 그러면 원하는 중이온 빔만 나오게 된다. 사실 이온 발생기는 물론 이곳으로부터 나온 초기 빔을 가속시키는 장치들은 복잡한 편이다. 원리는 전하 입자들은 전기장과 자기장에 의해 가속이 되고 집중(focusing)이 된다는 것으로 집약된다.

　이온 전하들을 집중시키며 가두고, 아울러 순수한 전하 상태를 만들면서 원하는 방향과 에너지를 얻는 데는 무수한 단계와 기술 그리고 기술 축적이 요구된다. 여기서 설명한 이온 발생기의 원리도 독자에 따라서는 너무 어렵다고 생각할 수 있다고 본다. 간단하게 설명하지 않고 어느 정도 자세히 설명을 하는 이유는 모든 것은 기본 원리로부터 시작되며 또 최종 목표를 얻는 데는 상당한 노력과 과학 지식이 필요하다는 사실을 일깨워 주기 위해서이다.

또 하나 전자에 관한 이온 발생기 종류가 있다. 전자 빔 이온 발생기 (Electron Beam Ion Sources; EBIS)라고 한다. 물론 전자 빔을 만들어 이온 기체를 플라즈마화시켜 양전하 상태를 만드는 방법이다. 더 이상 설명은 하지 않는다. 그 대신에 전자의 방출과 이에 따른 다양한 현상을 재미있게 하기 위해 플라즈마에 의한 빛샘 응용 보기를 든다. 이른바 하나는 '형광등', 다른 하나는 '플라즈마 디스플레이(Plasma Display Panel; PDP)'이다.

플라즈마 빛샘: 형광등과 플라즈마 디스플레이

형광등은 아직도 가정에서 조명으로 많이 쓰이는 친숙한 빛샘이다. 반면에 PDP는 처음 평판디스플레이가 출현할 때 무척 각광을 받았던 TV용 빛샘이었다. 지금으로부터 10년 전(2010년)만 하더라도 대유행을 했었다. 현재 가장 많이 사용되는 LCD와 어깨를 겨루었는데 특히 대형 TV에서 주도권을 잡을 수 있다고 하여 많이 보급된 TV이다. 그러나 LCD 기술이 발전하면서 대형 TV(40인치 이상)용으로도 가능해지면서 PDP는 급속하게 사라져 간다. 전기를 많이 소모하기 때문이다. 그 이유는?

여기서 다루고 있는 플라즈마 상태를 만들기 위해 많은 전류가 소모되기 때문이다. 그림 4.9가 형광등과 플라즈마 디스플레이의 기본 구조이다.

이제 제4의 물질 상태인 플라즈마가 얼마나 많이 응용이 되는지 실감이 갈 것이다. 그러나 플라즈마 상태가 기본이 아니라 사실 원자의 구조에 있어 양전하의 핵과 음전하의 전자 상태에 있다. 전자를 떼어내면 플라즈마 상태의 고온 기체가 되는 것이고 이러한 플라즈마 상태가 우주 전체를 떠받치고 있는 것이다.

왜?

별들이 모두 플라즈마 상태이니까.

그리고 이온 발생기의 원리에서 보았듯이 플라즈마 상태에서 전자석을 이용하면 이온들을 가두거나 어느 방향으로 운동시킬 수 있음을 알

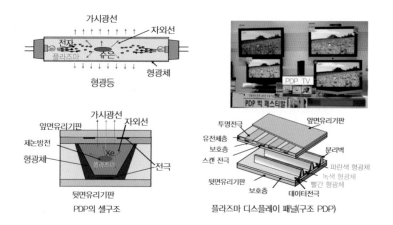

그림 4.9 빛샘으로 활약하는 플라즈마. 형광등과 플라즈마 TV. 형광등은 수은 기체를, PDP는 제논 기체를 플라즈마 기체로 사용한다. 전극에서 나온 전자들이 기체를 고온의 플라즈마 상태를 만든다. 그리고 해당 원자들을 들뜬 상태로 만든다. 원자가 들뜬 상태에서 다시 바닥상태로 가면서 빛을 발한다. 그러나 이러한 1차 빔은 자외선 영역으로 눈에는 보이지 않는 높은 에너지 빛이다. 이 자외선이 형광등이나 PDP에 설치된 형광체를 다시 들뜨게 하여 가시광선에 해당되는 빛을 발한다. 형광등인 경우 모든 색의 빛이 나와 백색이 된다. PDP 디스플레이인 경우 빛의 삼원색에 해당되는 형광체 3개를 설치하여 다양한 색을 만든다. PDP TV는 지금은 거의 사라지고 없다. 앞에서 나온 음극선관 TV에서도 형광체가 있었다. 현재 가장 많이 보급된 **LCD TV도 사라질 운명**에 처해 있다. 그 대신 OLED에 기반된 TV가 대세를 잡을 것이다.

았다. 이 원리를 이용하여 소위 **핵융합발전기**를 만든다. 이른바 **인공 태양**을 만드는 것이다. 그러나 플라즈마 상태를 안정적으로 유지하는 것이 워낙 어려워 실제적으로 쓰기에는 아직도 갈 길이 먼 상태이다. **이러한 인공 핵융합발전에 대한 원리는 이미 60년 전에 나왔었고 30년이 지나면(80년대 중반) 실용화될 것으로 기대를 했었다. 그러나 자연은 인간에게 손쉽게 에너지를 주지 않는다. 그리고 여전히 석탄 에너지와 원자력, 즉 핵분열 에너지가 주류를 이루면서 지구를 몸살 나게 하고 있다.**

한 가지 더!

전자가 얼마나 다양하게 응용이 되는지 놀랄 것이다. 이 전자는 병원에서 사용되는 엑스선 영상기를 비롯하여 방사광 가속기에서도 그 역할을 유감없이 발휘한다. 그나저나 과학 자체에 있어서도 서양에서 시작되고 이끌고 이러한 응용기술에서도 역시 주도권을 쥐고 있다. 언제 동양에서 주도권을 쥘 수 있을까?

4.1.4 빔과 에너지

여기에서 잠깐!

가속기를 다루다 보면 반드시 나오는 것이 에너지이고 보통 MeV(백만 전자볼트, mega electron volt)로 표시되는 경우가 많다. 그림 4.10을 보자.

원자를 다룰 때 나왔지만 자연에는 질량과 함께 전기의 속성이 기본적으로 들어 있다. 이를 전하라고 부른다고 하였다. 그리고 그 기본 값이 있는데 전자 혹은 양성자 하나가 갖고 있는 전기량이다. 전하의 양을 쿨롱이라고 부르며 전하를 q로 표시하면 기본 값은 $q = 1.6 \times 10^{-19}$ C이다. 여기서 C는 쿨롱을 말하며 프랑스의 과학자 이름이다. 이때 양성자나 전자가 1볼트의 전압 속에 들어 있을 때의 에너지를 1전자볼트라고 하며 eV로 표기한다. 탄소 이온인 경우 전자 하나가 벗겨진 +1가도

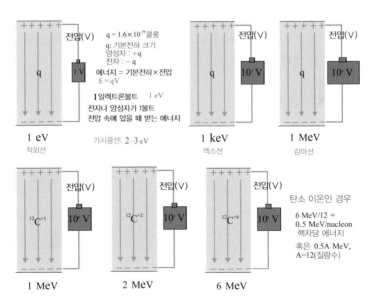

그림 4.10 에너지 단위인 전자볼트—electron volt(eV)—정의. 전압(정확히는 전위차) 속에 전하 입자가 놓였을 때 받는 에너지 단위이다. 가속기에서 자주 등장하는 MeV와 핵자당 에너지를 눈여겨보기 바란다.

같다. 그러나 만약 전자 6개 모두 벗겨져 +6가가 되면 1볼트 전압에서 6 eV의 에너지를 갖는다. **가속기에서 이온 빔을 만들 때 이렇게 전하 상태를 높이게 되면 그 만큼 높은 에너지를 얻을 수 있음을 알 수 있다. 이 같은 사실은 가속기에서 에너지를 이해하고 동위원소의 질량을 고르는 원리를 이해하는 데 매우 중요하다.** 가속기 분야에서 중요한 기술 중 하나가 '어떻게 하면 이온 빔의 전하 상태수를 높이고 또 하나로 만드는 것인가'이다. 그리고 또 하나! 만약 탄소 빔의 에너지가 그림에서 나온 것처럼 6 MeV라 하면 이를 질량수, 즉 양성자수와 중성자수를 더한 핵자수, 12로 나눈 값을 핵자당 에너지(energy per nucleon)라고 하며 이 경우 0.5 MeV/nucleon, 혹은 0.5A MeV라고 표기한다. 여기서 A=양성자수+중성자수이며 탄소 12인 경우 양성자=6, 중성자=6이다. 0.5 A MeV는 0.5×12=6 MeV임을 알 수 있다. 종종 이를 0.5 MeV/u로 표기되는 경우가 많은데 사실 정확한 표현은 아니다. 더 이상 설명은 하지 않는다.

이제 비로소 가속기 그림이나 설명을 하는 과정에서 나오는 용어와 그 원리들을 명확히 이해할 수 있는 단계에 다다랐다.

4.1.5 빔의 종류
빔은 다음과 같이 다양하게 분류될 수 있다.

- **입자 빔**: 질량을 가지는 빔으로 전자, 양성자, 중성자, 헬륨(알파), 탄소, 산소 등. 중입자 빔은 양성자와 알파(헬륨) 빔을 제외한 입자 빔을 말한다.

- **비입자 빔**: 입자가 아닌 빔으로 빛이 이에 해당된다. 레이저, 엑스선, 감마선이 이에 속한다.
  * 과학 사회에서는 질량이 없는 빛도 입자로 다루며 이를 광자(Photon)라고 부른다. 어디선가 들어 보았을 것이다.

- **이온(전하) 빔**: 중성의 원자를 이온화시켜 전하를 가지게 하여 전기력에 의해 가속시켜 발생되는 빔이다. 전자인 경우는 본래 전하를

가지고 있으며 양성자는 수소원자에서 전자를 제거시킨(이온화) 것
이다. 전자, 양성자, 탄소, 산소 등.

＊ 전자를 제외한 빔을 이온 빔이라고도 한다. 엄밀히 말하자면 전자는 이온화된 원
소 빔과는 종류가 다른 것이다.

- **비전하 빔**: 전하를 가지고 있지 않는 빔이다. 광자(레이저, 엑스선),
  중성자 등.

- **1차 빔**: 이온 빔이 이에 속하며 이온 발생기를 통하여 특정의 원소
  에 해당되는 원자를 이온화시켜 만든 빔이다. 전자, 양성자 및 중이
  온 빔.

＊ 세계적으로 산재해 있는 연구용 가속기, 의료용 가속기, 산업용 가속기 등이 이에
  속한다.

- **2차 빔**: 1차 빔을 통하여 파생적으로 얻는 빔이다. 광자 빔(레이저,
  엑스선 등), 중성자 빔, 불안정(희귀)동위원소 빔이다. 특히 불안정동
  위원소 빔을 만드는 중이온가속기는 고도의 기술력을 갖춘 선진국
  에서만 가능해왔다.

그림 4.11에서 이온 빔의 종류와 상관관계를 체계적으로 볼 수 있을
것이다.

＊일러두기: 한국에 건설 구축 예정인 희귀동위원소 빔 발생 중이온
  **가속기 '라온'은 1차 빔과 2차 빔을 동시에 생산하는 전하 중입자 가
  속기**이다. **방사광 가속기**는 전자를 가속시켜 광자 빔을 생산하는 2
  차 비입자, 비전하 빔 가속기이다. 사실상 강력하고 높은 에너지를
  가진 레이저 빔을 생산하는 '빛 공장'이다.

다음으로 2차 중이온 빔을 생산하는 방법을 소개한다. 그림 4.12를
보면서 이해하기 바란다.

4.1.6 희귀동위원소 빔 생산 방법
온라인 동위원소 분리기(ISOL: Isotope-Separator-On-Line)
표적(보통은 우라늄)에 양성자를 입사시켜 핵분열에 의해 나오는 불안

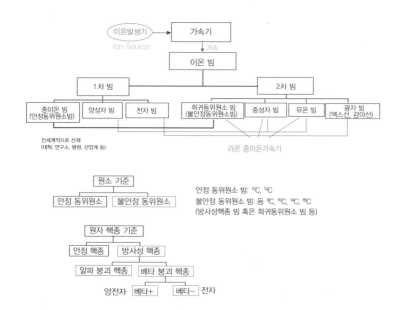

그림 4.11 가속기가 만들어 내는 빔의 종류와 그 분류 계통도. 빔의 시초는 모두 이온, 즉 전하를 가지는 입자라야 한다. 그리고 입자들에 대하여 그 분류 방법과 이름이 조금씩 다르다.

정동위원소를 골라 만든다. 처음 덴마크의 닐스보어 연구소에서 만들어 나중 유럽의 핵물리 연구소(보통 CERN이라고 부름)의 ISOLDE에서 정착된 기술이다. 양질의 희귀동위원소 빔이 가능하다. 그러나 반감기가 아주 짧거나 특정의 화학적 성질이 있는 원소는 불가능하다. 고도의 기술과 기술 축적이 겸비되어야 갖출 수 있는 어려운 장치이다.

RAON 중이온가속기의 핵심 시설이다.

빔 비행 파편 분리기(IFF: In-(beam) Flight Fragmentation(or Fission) Separator)

특정의 표적에 높은 에너지의 중이온 빔을 입사시켜 만든다. 두 개의 원자핵 충돌에 발생되는 다수의 동위원소들을 전자석과 비행시간차를 이용하여 분리시키는 방법이다. 특히 우라늄 빔을 사용하면 아주 희귀한 동위원소 빔을 생산할 수 있어 각광을 받고 있다. ISOL에 비해 극도로 반감기가 짧은 희귀동위원소를 분리시킬 수 있으나 빔의 성질—에너

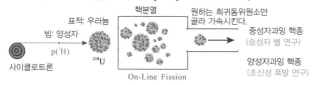

(a) 온라인 동위원소 분리법(ISOL; Isotope Separartor On-Line)

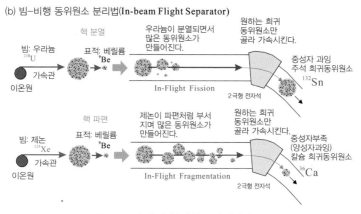

(b) 빔-비행 동위원소 분리법(In-beam Flight Separator)

그림 4.12 2차 빔 희귀동위원소 빔 생산 방법.

지 분포, 세기 등−에 대해서는 떨어진다. 전 세계적으로 많이 사용되는 방법이다. 보통 **파쇄(쪼개기)**라는 단어를 사용하나 쪼개져 나오는 파편을 말한다. 파쇄인 경우 spallation라는 용어에 적합하다. 빔이 우라늄인 경우 우라늄 자체가 핵분열이 강하여 우라늄인 경우 분열이라는 단어를 쓰기도 한다.

라온 가속기는 위 두 가지 방법 모두 사용한다. 나중에 라온 그림에서 **온라인 동위원소 분리기와 이온 발생기**라고 하는 곳이 표시되어 있는 곳이 눈에 들어올 것이다. 그리고 **사이클로트론, 선형 가속기** 등의 가속기 이름도 나온다는 사실을 알게 된다. 라온 가속기에 대한 구체적인 구조와 역할 그리고 활용 장치 등에 대한 설명은 나중 자세히 나온다.

우선 가속기에 얽힌 역사적 사실과 그 종류 등을 알아보자.

4.2 가속기 역사와 종류

4.2.1 역사

이제 가속기가 언제 탄생하고 어떠한 일이 벌어졌으며 어떻게 발전했는지 살펴보자. 흔히 가속기의 종류를 들며 설명을 하는 경우가 대부분이다. 그러나 가속기의 종류라는 것이 사실 이온 입자를 가속시키는 데 어떠한 물리적인 법칙을 적용하였는가가 중요하며 원리는 하나이다. 이미 앞에서 설명했듯이 전하를 띤 입자가 전기력에 의해 속도를 얻는 것이다. 가속기의 종류를 말할 때 보통 다음과 같이 크게 분류된다.

정전(직류)형 가속기: 코크크라프트-월튼, 반데그라프 등
공명(교류)형 가속기: 사이클로트론, 선형 가속기, 원형 가속기

위와 같은 명칭은 전하 입자가 어떠한 형태의 에너지를 받고 속도를 얻느냐 하는 것으로 구별되는 역사적 산물이다. 간단히 설명하면 고정된 높이의 에너지에 해당되는 퍼텐셜 에너지를 만들어 전하 입자를 가

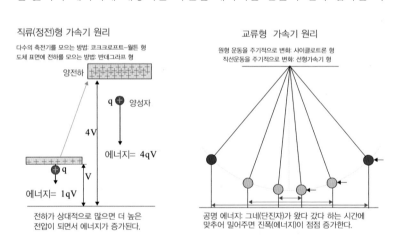

그림 4.13 전하 입자를 가속시키기 위한 에너지 얻기 방법. 퍼텐셜 에너지라고 불리는 에너지는 전압과 관련된다. 가정에서 사용되는 220볼트 등의 표기가 이에 속한다. 여기에 전하량 q를 가진 입자가 들어서면 q V의 에너지가 된다. 이러한 원리를 가지고 작동되는 가속기를 정전형 혹은 직류형 가속기라고 부른다. 이와 반면에 교류형 전류를 주어 주기적인 전기장을 만들어 입자 에너지를 증가시키는 가속기를 교류형 혹은 라디오-진동수(주파수)형 가속기라고 한다. 사실상 공명이라는 물리적 현상을 이용한 것이다.

속시키는 것이 정전형 가속기이며, 그네—단진자라고 부름—와 같은 형태로 그네를 주기적으로 조금씩 밀며 그 폭을 증가시켜 에너지를 높여 가속시키는 방법을 채택하는 것이 사이클로트론 등의 가속기이다. 이를 달리 말하면 공명형 가속이라 할 수 있으며 보통 라디오 진동수(radio-frequency)형 가속기라고 부를 수 있다.

우선 가속기의 역사든 아니면 종류 등을 말하기 전에 반드시 소개시킬 인물이 있다. 그것은 현재와 같은 원자 모양, 즉 가운데 무거운 핵이 있고 그 주위를 전자가 돌고 있다는 사실을 처음으로 밝힌 사람의 이야기이다. 이름하여 '러더포드'.

알파선 정체와 원자핵을 발견한 러더포드

그림 4.14를 보자. 우선 재미있는 것은 **러더포드**가 원자핵의 발견이라는 위대한 업적보다는 그 전에 알파선의 정체를 밝혀 노벨상을 받았다는 사실이다. 그런데 그것도 노벨물리학상이 아니라 노벨화학상이 주어진다. 왜일까? 사실 이 당시 노벨상 위원회에서는 이미 노벨물리학상 수상자를 정해버린 후였다. 할 수 없이 궁여지책으로 노벨화학상을 주게 되었는데 재미있는 역사적 사실이다. 노벨상 수상식에서도 이 문제를 가지고 농담을 한 것은 노벨상 역사상 유명하다.

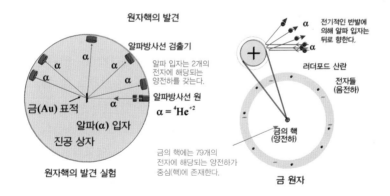

그림 4.14 **러더포드**와 원자핵 발견에 이용된 실험. 노벨상은 알파선의 정체가 헬륨 이온임을 밝힌 공로로 받았다.

자! 그건 그렇고 원자가 양성자와 전자로 이루어졌다는 사실은 이 당시 알려졌는데 도대체 어떠한 구조로 되어 있는가는 설왕설래가 있었다. 가장 유력한 주장이 소위 **빈대떡 모형**이었다. 빈대떡에 양성자가 점점이 박혀 있고 빈대떡을 이루는 밀가루 반죽이 전자들의 분포라고 하는 설이다. 이 당시 가장 유력한 물리학자가 주장하여 그런가 보다고 생각을 하고 있었다. 사실 의심을 하면서도. 이렇게 이성적인 과학 사회에서도 비이성적인 흐름이 존재한다. 이때 **러더포드**가 등장한다. 자기가 알아낸 알파선, 즉 헬륨 빔으로 금 원자를 쏘아보는 실험을 제안하면서(그림 4.14).

만약 빈대떡 모형이라면 금 표적에 다다른 알파선은 대부분 그대로 통과하여 자기가 달려온 방향에서 대부분 발견될 것이다. 하지만 실험 결과는 상상을 초월하였다. 많은 경우는 아니지만 뒷부분에서도 발견이 된 것이다. 앞에서 우리는 전하라는 것을 이야기했고 양과 음이 존재한다는 것도 알았다. 알파선은 헬륨 이온으로 양의 전하이다. 이러한 알파선이 뒤로 튕겨져 나왔다는 것은 오직 한 가지 사실밖에 없다. 그것은 금 원자 중앙에 강력한 양전하가 존재해야 한다는 사실이다. 즉 금의 원자번호인 79번에 해당되는 양성자가 모두 그 중앙에 있어야 한다는 결론이 나온다. 이른바 원자핵, 즉 씨의 존재를 발견한 것이다!

원자핵을 이루는 또 하나의 씨는 물론 중성자이다. 이 중성자는 나중에야 발견되고 그 공로로 노벨상이 주어진다.

그러면 원자의 이러한 구조가 왜 그토록 중요할까?

우선 수소원자를 생각해보자. 가운데 양성자 하나가 떡 버티어 있고 그 주위를 도는 전자의 운동 모습이다. 이러한 구조로부터 물리학자들이 전자의 운동을 계산하여 수소에서 나오는 스펙트럼들을 분석하게 되었다는 사실이다. 어디 수소뿐인가? 헬륨, 탄소 등 모든 원소들의 기본 성질을 본격적으로 파헤치기 시작하게 되었는데 이 영역의 학문을 '**양자역학(혹은 양자물리학)**'이라고 부른다. 앞에서 언급을 한 바가 있다. 연구 결과 **원소의 주기율이 왜 그렇게 나오는지 그 원인을 알게 되었다.**

다음에 더 중요한 것이 인공적으로 원자핵을 합성할 수 있는 토대를

그림 4.15 러더포드, 코크크로프트, 월튼.

만들었다는 사실이다. 즉 원자에서 전자를 떼어 이온을 만들고 이를 가속시켜 다른 원소에 충돌시켜 보자는 발상이 자연스레 나오게 된다. 그러면 이온을 가속기키기 위해서는 어떻게 해야 하나? 여기서 러더포드의 천재성이 유감없이 발휘된다.

입자 가속기를 제안한 것이다. 가속기가 태어나게 된다. 1930년대의 일이다.

처음 이것을 실현시킨 사람들이 있는데 하나가 소위 정전형 가속기에 해당되는 코크크라프트-월튼 가속기이고 다른 하나가 그 유명한 사이클로트론이다. 그림 4.15를 보기 바란다.

이제, **러더포드**의 위대성이 실감될 것이다.

4.2.2 코크크로포트-월튼 가속기

그림 4.16은 코크크로프트-월튼 형 가속기로 영국 옥스퍼드 대학의 클라렌든 연구소에 설치된 모습이다. 이 가속기의 원리는 다음과 같다. 전하를 모으는 장치를 축전기라고 하는데 이러한 축전기를 다수 만들어 연결하고 여기에 단계적으로 전하를 축적시키며 전압을 높이는 방식이다(그림 4.17). 이때 충전을 시킬 때에는 직렬과 함께 병렬로 연결하는

Cockcroft–Walton Accelerator
at Clarendon Laboratoty of Oxford

그림 4.16 첫 입자 가속기인 코크크로프트–월튼 가속기. 이른바 전위차, 즉 전압을 단계적으로 높여 입자를 가속시키는 정전형 가속기이다. 대형 가속기 시설에서는 이온 발생기 바로 다음에 설치되는 전단 가속기로 많이 사용되어 왔다.

데 이는 축전기의 전하를 증가시키는 결과를 낳는다. 그 다음에 이렇게 충전된 축전기들을 직렬로 연결시켜 높은 전압을 만들어 에너지를 높인다. 이러한 방법을 전압증가(multiplier voltage) 방식이라고 부른다. 좀 복잡한 것 같아 더 이상 설명은 않는다.

일정한 전위차(전압)를 가지는 이 가속기가 만들어지자마자 실험을 한 것이 양성자 빔을 리튬 표적에 충돌시키는 핵반응이었다.

그 반응식은 다음과 같다. 양성자의 에너지는 710 keV이다.

$$p + {}^7Li \rightarrow {}^4He + {}^4He$$
(양성자 +리튬−7 → 알파 + 알파)

이 반응은 실상 별 내부에서 일어나는 원소 합성의 길 중 하나에 속한다. 따라서 별에서 일어나는 원소 합성을 지상에서 재현시킨 첫 실험이

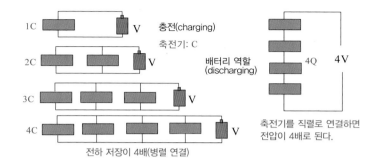

1C 충전(charging)

축전기: C

2C 배터리 역할 (discharging)

4Q **4 V**

3C

4C

축전기를 직렬로 연결하면
전압이 4배로 된다.

전하 저장이 4배(병렬 연결)

그림 4.17 코크크라프트–월튼 형 가속기의 원리. 전하 모음기인 충전기를 병렬 형태로 연결하여 다수의 전하들을 모은 다음 이번에는 직렬로 연결시켜 높은 전압을 얻어 전하 입자를 가속시킨다. 실제로는 충전기들이 직렬과 병렬 형태의 지그재기 형태로 연결되어 있다.

다. 가속기의 위력을 어김없이 보여주어 일반 사람들에게도 깊은 인상을 남기게 되었다. 1951년 노벨 물리학상이 주어진다.

4.2.3 반데그라프 가속기

위와 같은 가속기는 전압을 증가시키는 데 상당한 제약이 있었다. 왜냐하면 한 방향으로 전류를 보내주는 정류기를 사용하는데 이 과정에서 전류 손실이 많았기 때문이다. 이를 극복한 것이 **반데그라프** 가속기이다. 물론 여기서 반데그라프(Van de Graaff; 1901–1967)는 물리학자 이름이다. 이 가속기는 천둥 번개가 치는 원리와 비슷하다. 즉 뾰족한 곳을 이용하여 양전하를 만들고 이러한 전하를 한 곳에 계속 모아 높은 전압을 유지시키는 방법이다. 그림 4.18이 그 원리와 가속기의 구조를 나타낸다. 뾰족 침에 의해 생성된 전하가 고무벨트를 통하여 고전압 단자로 운반되면 원형의 도체구로 전하들이 이동되도록 되어 있다. 텅 빈 도체인 경우 전하들은 도체의 표면에만 모인다. 이렇게 많은 전하가 모이게 되면 전하의 양이 증가하며 전압이 증가한다.

그런데 이 글을 읽고 있는 독자 중 이러한 이름의 가속기를 들어본 사람이 있는지 모르겠다. 우리나라에서는 별로 알려지지 않았기 때문이다. 그러나 사실 전 세계에서 가장 많이 사용되는 순수 연구용 가속기이

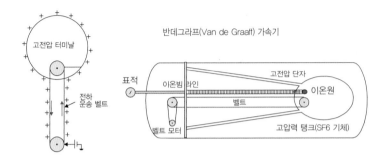

그림 4.18 정전형 가속기인 반데그라프 가속기의 원리.

다. 이러한 이유로 이 가속기에 대하여 자세히 설명하고 있다. 일본이야 말할 것도 없지만, **중국, 인도 등에서도 국립 연구소 혹은 대학의 연구소에 설치하여 그 나라의 순수과학 발전에 크게 이바지** 하고 있다. 핵과학은 물론 물질 분석에 탁월한 능력을 갖고 있기 때문에 현재도 재료과학 분야에서 활발하게 응용되며 사용 중이다.

특히 **가속기 질량분석기**라는 용도로도 쓰여 세계적인 명성을 얻기도 하였다. 여러분들은 아마도 '**예수 성의**'에 대한 뉴스를 들어보았을 것이다. 예수가 직접 입었던 옷이라고 하여 그 진의가 논란이 되었던 유명한 사건이다. 결국 이 성의는 가속기 질량분석에 의한 재료 분석으로 유럽의 십자군 운동 때 아랍 사람들이 속여 판 것으로 판명이 되었다.

원리는 말 그대로 동위원소들의 질량분석을 통하여 조사하는 시료 속의 방사성 동위원소 비율을 알아내어 시간의 경과를 파악하는 것이다. 가장 많이 사용되는 것이 앞에서 이야기 한 탄소 동위원소이다. 알다시피 대기에는 이산화탄소가 다량 존재한다. 그리고 그 탄소는 12번과 13번이 각각 99%, 1% 정도로 함유되어 있다는 것도 이야기하였다. 그런데 비록 방사성 동위원소이기는 하지만 탄소-14도 대기에는 들어 있다. 반감기가 약 5700년인데 왜 들어 있을까? 그것은 대기 중에서 질소-14가 핵반응을 일으켜 변한 것이다. **현재 대기 중에는 이러한 탄소-14가 약 10의 마이너스12승(10^{-12}) 비율로 존재한다.** 엄청 작은 값이다. 그러나 걱정 말라. 이 정도의 양은 핵물리학자들이 얼마든지 분리한

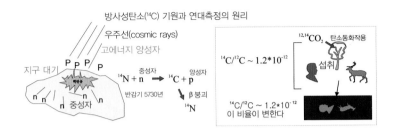

그림 4.19 방사성탄소-14와 연대 측정 원리. 이 원리를 제안한 과학자는 당연히 노벨상을 탔다.

다! 채취된 시료를 우선 탄소 덩어리로 만들어 이를 이온 발생기에 장착한다. 그 다음 탄소 빔을 만들고 탄소 빔에서 동위원소 12, 13, 14번을 분리하여 14번의 함량을 측정하는 방법이다. 만약 현재의 비율에 비해 그 비율이 반 정도 나오면? 물론 그 시료는 약 5000년 전 것이다. 대단하다고 생각이 들 것이다. 그림 4.19를 보기 바란다.

질문 하나 더!
석유에는 탄소-14가 들어 있을까? 없을까?

'석유는 언제 생겼을까?'를 생각하면 금방 답이 나온다. 몇 억 년 전에 식물들이 죽어 만들어진 것이므로 탄소-14는 이미 모두 붕괴해버려 존재하지 않는다. 따라서 자동차가 엄청 뿜어대는 환경에서는 대기 중 이산화탄소에 탄소-14가 거의 없다. 이러한 식으로 대기오염까지도 알아낸다.

이외에도 고미술품은 물론 고대 유적지에서 발견된 유물들이 언제 만들어졌는지 이 가속기에 의해 판명이 되어 왔고 지금도 진행형이다. 더욱이 **환경오염의 추적도** 가능하다. 특히 우리나라에서 황해 쪽에 중금속 등이 포함되었을 때 (**지금의 미세먼지 사태 주범!**) 이러한 가속기 질량분석에 의해 명쾌히 밝힐 수 있다. 그림 4.20은 1998년도에 서울대학교에 들여와 이러한 질량분석기로 사용되어 왔던 반데그라프 형 가속기의 원리와 그 실물 사진이다. 현재는 더 이상 사용되지 않고 있다. 다만 지질자원연구소 등에서 위와 같은 종류의 반데그라프 가속기를 가지고 꾸

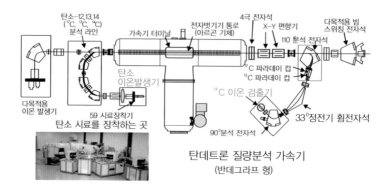

탄소-12,13,14
(^{12}C, ^{13}C, ^{14}C)
분석 라인

가속기 터미널

전자벗기기 통로
(아르곤 기체)

4극 전자석

X-Y 편향기

다목적용 빔
스위칭 전자석

110 분석 전자석

^{12}C 파라데이 컵
^{13}C 파라데이 컵

^{14}C 이온 검출기

탄소
이온발생기

다목적용
이온 발생기

59 시료장착기
탄소 시료를 장착하는 곳

33°정전기 휨전자석

90°분석 전자석

탄데트론 질량분석 가속기
(반데그라프 형)

그림 4.20 반데그라프 형 탄데트론 가속기와 탄소-14 동위원소 분리 방법. 이러한 가속기를 가속기질량분석기라고 부른다. 밑의 사진은 서울대학교에 설치되어 운영되었던 실물 사진(1998년도)이다.

준히 질량분석기로 사용되고 있다는 사실을 알려둔다. 이러한 반데그라프 가속기가 우리나라의 관련 국책연구소 혹은 국립대학에 설치되어 운영되어 왔다면 핵과학이나 재료과학 면에서 큰 발전이 있었을 것이다. 아쉬운 대목이다.

그림 4.20에서 동위원소 분리 방법이 뚜렷이 보일 것이다. 중이온 가속기의 동위원소 분리 방법을 이해하는 데 가장 좋다. 전자석에 의해 보다 가벼운 12번과 13번은 사전에 걸러 통과시키지 않는다는 것을 알 수 있다. 이렇게 걸러내어 받아놓는 통을 파라데이 컵이라 한다. 방사성 동위원소 빔을 얻는 원리가 이와 같다!

4.2.4 사이클로트론

사이클로트론은 미국의 로렌스에 의해 1932년 발명되었다(그림 4.21). 우리나라에서는 병원에서 암 치료용으로 사용되어 잘 알려져 있다. 참 재미있는 것이 우리나라는 무엇이든지 장사가 되면 아무리 비싼 장치(기계)라도 구입하여 사용한다는 사실이다. 그러나 순수 과학 연구를 위한 용도에는 별로 관심이 없다. 앞에서 아쉬운 말을 했지만 이 사이클로트론 역시 순수 연구용으로 사용되는 국가연구소나 대학은 없다! 기가 막힌 현실이다.

그림 4.21 사이클로트론을 처음 만든 로렌스와 리빙스턴. 로렌스 버클리 연구소에 설치된 사이클로트론에서 찍은 사진이다(1937년).

일본은 2차 세계대전 이전 이미 위의 로렌스가 발명한 것을 듣자마자 바로 베껴 사이클로트론을 만들어 낸다. 그리고 2차 대전에 패하여 미군이 일본 본토에 상륙했을 때 가장 먼저 취한 것이 사이클로트론을 바다에 수장해 버린 일이다. 그 사이클로트론을 만든 곳이 바로 이화학연구소이다. 지금도 중이온가속기 시설에 '니시나 연구소'라는 명칭이 있는데 그 장본인이다. 이후 심기일전 다시 사이클로트론을 제조하여 지금은 전 세계에서 가장 높은 중이온 빔을 생산하는 중이온가속기 시설이 되었다. 그 이름도 방사성 이온빔 생산 공장(Radioactive Ion Beams Factory)라고 하여 약자로 RIBF로 불린다(그림 7.3을 보라). 무슨 암 치료용 가속기를 만든 것이 아니다. 이러한 기술력을 바탕으로 이제는 암 치료용 등 산업계에서 쓰이는 사이클로트론을 만들어 수출하고 있다. **물론 우리나라에서도 수입을 한다!**

사이클로트론은 입자를 원운동시키면서 속도를 증가시키는 방법을 채택한다. 이온을 원운동시켜 계속 원의 반경을 증가시키는데 이때 중요한 것이 한 바퀴 도는 시간은 고정되어 있다는 점이다. 이를 위하여 정교하게 교류 전류를 흘려 그 주기를 맞춘다. 그림 4.22를 보자.

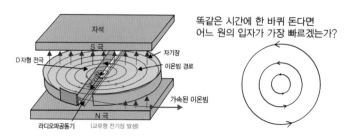

그림 4.22 사이클로트론 원리. 원을 한 바퀴 도는 데 걸리는 시간을 보통 주기라고 한다. 이 그림에 있어 그 주기가 1초라면 가장 바깥 원을 도는 입자가 가장 빠르게 움직여야 한다. 이렇게 같은 시간에 이온 입자를 증가하는 원 궤도를 돌게 하여 에너지를 증가시키는 가속기를 사이클로트론이라고 한다. 에너지를 표시하는 **K 값**에 대한 것은 본문을 보기 바란다. 여기서 사이클은 원을 뜻한다. **자전거 바퀴**를 생각하고 자전거를 어떻게 부르는지 생각하자.

  그런데 이러한 사이클로트론 방식으로는 에너지를 높이는 데 한계가 있다. 가장 큰 이유는 입자가 에너지를 얻어 빠른 속도를 얻으며 빛의 속도와 가까워지면 상대성 원리에 의하여 질량이 증가되기 때문이다. 따라서 원형 궤도에 따르는 정확한 공명 조건인 사이클로트론 진동수 (주기)를 맞추지 못한다. 이것을 극복하기 위해 몇 개의 전자석으로 분리하는 방법을 사용한다. 분리형 섹터(separated sector) 사이클로트론이라고 부른다. 현재 유명 중이온 가속기 시설에 설치된 사이클로트론은 대부분 이 형태의 가속기이다. 그리고 전자석, 즉 철심에다가 많은 전류를 효율적으로 공급하기 위해 초전도 자석을 사용한다. 그런데 사이클로트론의 에너지 능력을 표시하는데 K 값이 종종 나온다. 이 값은 입자의 전하 상태, 질량 수, 그리고 사이클로트론의 반지름과 관계된다. 양성자인 경우 전하 상태는 1, 질량 값도 1이다. 만약 입자가 아르곤-40인 경우 전하 상태에 따라 에너지가 달라진다. 만약 +10이라면 전하 값 10, 질량수 40의 비와 반지름 길이가 K 값에 관계된다. 결국 사이클로트론의 반지름과 자기장(자석)의 세기가 K 값을 결정한다. 따라서 에너지를 높이려면, 즉 K를 크게 하려면 사이클로트론은 커질 수밖에 없으며 아울러 높은 전류가 필요하다는 사실을 알 수 있다. 이를 위하여 초전도 자석을 사용한다. 이름하여 초전도 사이클로트론(Superconducting

Cyclotron)이라고 한다. 이러한 K 값들은 해외 유명 희귀동위원소 가속기 시설을 소개할 때 자주 등장한다.

4.2.5 마이크로트론

1945년 Veksler에 의해 제안된 가속기 종류이다. 사이클로트론 가속기 원리와 비슷하다. 이미 여러 차례 언급을 했듯이 자기장에 수직하게 들어오는 전자는 자기력에 의해 휘게 되면서 원운동을 하게 된다. 이때 한 바퀴 도는 데 걸리는 주기가 주어지는데 질량에 비례하는 값으로 나온다. 전자인 경우 가벼워서 자기장을 높이면 쉽게 빛의 속도에 가깝게 가속이 되는데 이때 아인슈타인의 상대성원리에 의하여 질량 증가 현상이 나타난다. 이렇게 되면 주기적인 운동이 불가능하게 되어 더 이상 에너지를 높일 수 없다. 이것을 극복하기 위해 전자가 원점으로 돌아오는 시간에 맞추어 정수배로 초단파를 쏘아 준다. 그러면 에너지는 처음에 비해 정수배로 비례하여 에너지가 증가하여 높은 에너지의 빔을 얻게 된다. 최종적으로 직선 빔을 얻기 위해서 자기장의 영향을 받지 않는 동공의 관(defelction tube)을 설치한다.

그림 4.23이 마이크로트론의 작동원리와 설치된 모습이다. 러시아의 JINR에 있는 핵반응 연구소에서 주 가속기의 전단용으로 사용되고 있는 사진이다. 위와 아래에 자석이 설치되어 있다. 러시아의 가속기 시설

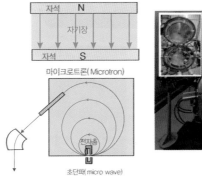

그림 4.23 마이크로트론 가속기 원리와 실제 모습.

에 대한 것은 나중 자세히 나온다.

4.2.6 베타트론

베타트론은 특이한 가속기 종류에 속한다. 정전기 가속기처럼 전기장에 의해 가속이 되지만 전기장을 직접 만드는 것이 아니라 자기장을 만들어 유도시키는 방법을 사용하기 때문이다. 전자기파라는 용어를 다시한번 생각하자. 몇 차례에 걸려 강조를 했지만 자기력을 만드는 독립적인 입자는 존재하지 않는다. 전기력을 만드는 전하 입자가 운동을 할 때 나타나는 힘이다. 따라서 전기장에 의한 힘(흔히 쿨롱힘이라고 한다)을 정전기력이라고 부르는데 그렇다면 자기장에 의한 힘은 움직이는 동력학적인 힘이라고 할 수 있다. 자기장이 물처럼 흐른다고 가정했을 때 흐르는 관(수도관을 연상하면 이해하기가 쉽다)의 면적과 자기장의 크기를 곱한 양을 자기 다발(Flux)이라고 부른다. 이때 자기 다발이 시간에 따라 변하면 전기장이 발생한다. 이 원리가 보통의 발전기에 응용된다.

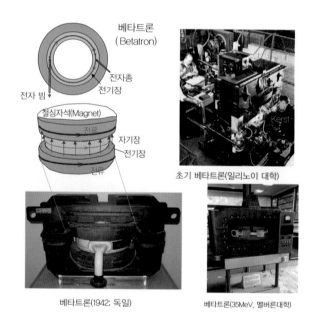

그림 4.24 베타트론과 그 원리.

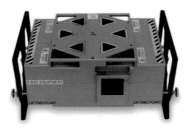

휴대용 엑스선발생기 베타트론
(모델명: JME PXB7.5M)

그림 4.25 응용용으로 개발된 소형 베타트론.

그림 4.24가 이러한 원리에 의해 작동되는 가속기 베타트론(Betatron)이다. 1928년 스웨덴의 비데뢰(Wideroe)에 의해 원리가 제안된 것을 1940년 미국 일리노이 대학의 케르스트(Kerst)가 전자 에너지 2.3 MeV의 가속기를 만들고 베타트론이라고 명명을 하였다. 이 가속기는 2차대전 당시 미국의 원자폭탄 계획(맨하탄 기획; Manhattan Project)에 사용되었는데 토륨, 우라늄, 플루토늄 등에 대한 방사성 성질 등이 연구되었다. 현대에 와서는 전자 빔을 감속시켜 나오는 빛, 즉 엑스선을 발생시키는 응용장치로 거듭나 이용된다(그림 4.25). 아주 작게 만들어 휴대할 수 있게 하여 강철 빔, 배나 비행기의 선체, 압력 장치, 다리 등에 있어 금속의 결함을 찾는 데 사용되고 있다.

4.2.7 선형 가속기

기본 원리는 전위차(전압)를 이용하는 직류형, 즉 정전형 가속기와 같다. 그러나 이번에는 전류를 직류가 아닌 교류를 사용한다. 그림 4.26을 보자.

원통형으로 된 관들이 나열해 있는데 이러한 도체관은 속이 텅 비어 있다. 여기에 하나씩 엇갈리게 양전극과 음전극을 가하면 관 사이에는 + · − 전극이 발생하고 전기장이 존재한다. 이미 앞에서 보았지만 이러한 전기장에 전하가 들어가면 힘을 받아 가속이 된다.

모든 것이 결국 전기장의 존재(즉 전위차)와 전하 입자와의 관계이다!

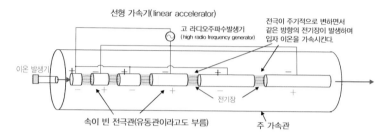

그림 4.26 선형 가속기 원리.

그런데 그림에서 보면 두 번째가 음(-)이고 세 번째가 양(+)극이기 때문에 처음 공간과는 반대의 전기장이 작용한다. 반대면 입자는 거꾸로 가야 한다. 그럼 어떻게 해야 하나?

물론 전극을 바꾸어주면 된다. 여기서 교류라는 단어가 생겨난다. 입자가 텅 빈 관을 통과하는 시간에 기막히게 맞추어 전류를 바꾼다. 아주 힘든 기술이다. 이렇게 전극을 바꾸면서 가속관을 통과하며 에너지를 얻는다. 라온 가속기는 이 원리를 이용한 선형 가속관을 두 단계 설치하여 높은 에너지를 얻는다. 그리고 위와 같은 유동관(drift tube) 구조가 아니라 라디오파 공명관(정확하게는 radio-frequency cavities) 형태로 진행파식 구조가 아닌 정상파(standing wave) 식 구조이다(그림 4.27).

여기서 희귀동위원소 빔 발생 라온 가속기 구조를 소개한다. 그림 4.28을 보자. 이온 발생기에서 나온 아주 낮은 이온 빔을 가속시키는 전단 선형 가속기와 전단 선형 가속기에서 나온 이온 빔을 더욱 가속시키는 후단 선형 가속기 두 대가 설치되어 운영된다. 높은 전류를 얻기 위해 이른바 초전도 가속장치를 사용한다. 이로 인해 **초전도 선형 가속기**(super conducting linear accelerator)라고 부르며 영어 약칭으로 'SCL'이라고 표기된다. 그런데 가속관을 보면 정체불명의 이름들이 나온다. QWR, HWR 등. 여기서 QWR는 Quarter Wave Resonator, HWR는 Half Wave Resonator의 약자이다. 1/4 파 공명기, 1/2 파 공명기라고 해석할 수 있다. 도대체 무슨 뜻일까? 사인 혹은 코사인 곡선을 생각하면 된다. 왜 지은이가 그토록 처음부터 주기성을 이야기하면서 사인 곡선

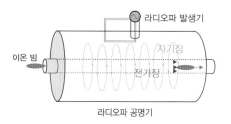

라디오파 발생기

이온 빔

자기장

전기장

라디오파 공명기

그림 4.27 라디오파 공명기의 구조. 라온 가속기에서는 세 종류가 사용된다.

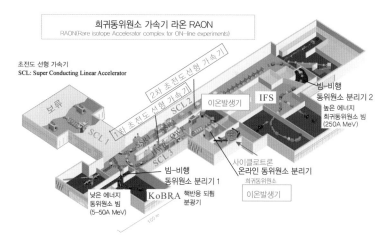

희귀동위원소 가속기 라온 RAON

RAON(Rare isotope Accelerator complex for ON-line experiments)

초전도 선형 가속기
SCL: Super Conducting Linear Accelerator

2차 초전도 선형 가속기

1차 초전도 선형 가속기
SCL 2

보류

SCL 1

이온발생기

IFS

빔-비행
동위원소 분리기 2
높은 에너지
희귀동위원소 빔
(250A MeV)

SCL 3

사이클로트론
온라인 동위원소 분리기
희귀동위원소

이온발생기

빔-비행
동위원소 분리기 1

KoBRA

핵반응 되튐
분광기

낮은 에너지
동위원소 빔
(5-50A MeV)

100 m

그림 4.28 라온 가속기의 구조. 계획되었던 선형 가속기 SCL1은 보류되어 설치되지 않는다. 정확한 축적에 의한 그림이 아니다.

을 그려야 하는지 이해가 갈 것이다. 주기적으로 정확하게 원통의 길이가 사인 혹은 코사인의 주기와 맞아야 하며 이를 공명이라고 부른다. 하나는 1/4, 다른 하나는 1/2 주기이다. 이렇게 일정한 공간 안에서 사인이나 코사인으로 왔다 갔다 하는 파를 정상파라고 부른다. 이 정도로만 해두자. 여기서 진동수는 325 MHz에 해당된다. 따라서 QWR은 325×(1/4)=81.25 MHz, HWR은 325×(1/2)=162.5 MHz의 진동수를 갖는다. 그리고 2차 초전도 가속관에 사용되는 SSR(Single Spoke Resonator)은 325 MHz이다. 2차 초전도 선형 가속기에는 한 가속 모듈에 SSR이 여러 개 일렬로 배열되어 있다. **어려운 전문 용어들이 많이 나오는 점 지**

은이로서 난감할 따름이다. 이해 바란다.

전단 선형 가속기는 현재 공식적으로 SCL3, 후단 선형 가속기를 SCL2라고 부른다. 그런데 왜 SCL1이 아니고 SCL3? 이유가 있다. 원래 계획에는 하나 더 있었다. 이름 하여 **SCL1!** 그런데 사정상 이 가속기 건설은 무기한 연기되어 버렸다. "그러면 SCL3을 SCL1로 이름을 붙이면 될 것 아냐?" 하고 반문할 것이다. 그러나 조직 사회에서는 이러한 상식이 통하지 않는다. 이름 하나 고치는 데도 회의를 하고 결정을 해야 하기 때문이다. 이것이 인간사회가 가지는 굴절된 얼굴의 한 단면이다. 지은이는 이러한 모순점을 감안하여 라온 그림에 **1차 초전도 선형 가속기, 2차 초전도 선형 가속기** 등으로 품격 있는 이름을 붙였다.

4.2.8 원형 가속기

마지막으로 원형 가속기를 소개한다. 흔히 원형 가속기라 하면 유럽 연합핵물리연구소에 설치되어 있는 **어마어마한 크기**의 원형 가속기를 등장시켜 소개한다. 나중에 소개된다(그림 7.11). 양성자와 중성자 이외에 또 다른 입자의 존재를 연구하기 위한 가속기이다. 정말로 **무시무시한 에너지**가 필요하다. 따라서 그리도 크게 만든다. 이때 가속되는 빔은 주로 전자와 양성자이다. 현재는 고에너지 양성자 빔을 주로 사용하며 궁극적인 입자들(흔히 소립자라고 부른다)의 존재와 서로간의 상호작용을 연구한다. 이러한 학문의 영역을 입자물리학이라고 부른다. 원자핵을 이루는 양성자와 중성자들에 의한 원자핵의 구조 연구를 하는 것은 아니다. 가속기를 에너지를 기준으로 하여 고에너지 물리학으로 분류하기도 한다.

원형가속기는 사실 싱크로트론이라고 부른다. 그림 4.29를 보자.

전자인 경우 조금만 가속을 시켜도 상대성원리에 따른 질량 증가에 의해 사이클로트론이나 베타트론에 의한 에너지 증가는 한계를 갖는다고 하였다. 양성자인 경우는 질량이 전자보다 2000배 무겁다. 따라서 질량 증가에 따른 제약은 전자보다는 크지는 않다. 그럼에도 불구하고 아주 높은 에너지를 가하지 않으면 나타나지 않는 입자들을 연구하

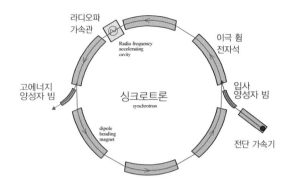

그림 4.29 원형 가속기인 싱크로트론의 구조. 양성자 빔을 가정하였다.

기 위해서는 고에너지의 양성자 빔이 필요하다. 이때 원형으로 가속시키면서 속도 증가를 시키고 상대성 원리에 따르는 질량 증가의 효과를 상쇄시켜주는 기술이 나온다. 이 과정에서 동시화(영어로 synchronized)라는 조건이 만들어지면서 싱크로트론이라는 이름이 생겨났다. 아마도 수영 종목에서 비슷한 이름을 들어본 독자가 있을지 모르겠다. 물속에서 거꾸로 서서 발을 다같이 움직이는 동작의 스포츠를 본적이 있다면 아! 하고 실감이 가리라 생각한다. 더 이상 자세한 설명은 하지 않기로 한다. 그림 4.29에서 라디오파 가속관이 교류 전압에 의한 양성자의 속도 증가를 일으키는 곳이다. 이러한 대형 양성자 및 전자 싱크로트론 가속기 시설은 미국과 유럽에 설치되어 운영되고 있으며 다수의 노벨상이 수여되었다.

　이러한 업적으로부터 알게 모르게 거대 원형가속기가 우주의 비밀을 밝히는 최고의 가속기라고 알려지게 되었는데 이러한 인식은 우리나라에서도 마찬가지이다. 여기서 강조하고 싶은 것이 한국에 건설되는 **중이온 가속기 라온이 앞으로 우주의 비밀은 물론 물질의 연구에 있어 더 큰 효자 노릇을 하는 양질의 가속기**라는 점이다.

전자 빔과 엑스선
　원형 가속기는 원자핵의 구조는 물론 그 너머에 있는 입자를 보기 위해 만든 것이라고 이미 강조를 하였다. 이때 가장 높은 에너지로 가속시킬 수 있는 입자는 말할 것도 없이 전자이다. 그 다음엔? 물론 양성자이다. 전자는 양성자보다 무려 2000배 정도 가벼워 가속시키기가 쉽다. 아울러 전자 이온을 만드는 데는 그냥 물질을 높은 온도로 가열하기만 해도 만들 수 있다. 그런데 핵물리학자들이 원형 가속기를 만들어 높은 에너지의 전자를 가속시키는데 뜻하지 않은 복병을 만난다. 이름하여 엑스선 발생. 이 엑스선은 순수하게 전자 빔을 가지고 연구하는 데 훼방꾼 역할을 한다. 왜냐하면 원자핵에서 나오는 각종 입자들과 감마선의 측정을 방해하기 때문이다.

그럼, 왜 엑스선이 발생하는 것일까?

전하를 띤 물체가 속도를 높이거나 낮출 때, 즉 속도의 변화—이를 가속도라고 부른다—가 있을 때 빛이 발생한다. 이를 **제동복사**라고 한다. 여러분이 손바닥을 물체에 대고 세게 밀어보라. 열이 날 것이다. 이러한 열이 복사이고 복사열이라고 하며 여기서 빛은 눈에 보이지 않는 적외선은 물론 눈에 보이는 가시광선, 더 센 자외선, 더더욱 센 엑스선 등이 모두 포함된다. 그런데 이러한 일반적인 용어보다 전자가 원형 운동을 하면서 가속도를 가질 때 발생하는 빛에 대한 것을 특히 **싱크로트론 복사**라고 부른다. 싱크로트론 원형 가속기가 과학 전반에 걸친 영향력이 커진 결과라고 할 수 있다.

기가 막힌 것은 원형 가속기에서 부산물로 나오는 엑스선이 이제는 효자 노릇을 한다는 사실이다. 이 엑스선을 사용하여 물질 분석에 이용

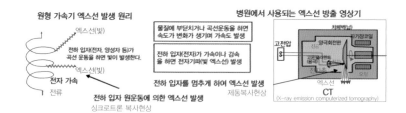

그림 4.30 엑스선 발생원리. 전하 입자, 특히 전자인 경우 속도의 변화가 오면 전자기파를 발생시킨다. 원형 운동에 따른 속도변화에서 나오는 현상을 '싱크로트론 복사', 물질에 닿아 속도가 감속되면서 나오는 현상을 '제동복사'라고 구별하여 부르기도 한다.

되는 것이다.

누룽지가 밥을 이겼다!

이해를 돕기 위하여 싱크로트론 복사와 제동복사(간혹 열복사라고도 한다)에 따른 비교를 그림 4.30에 그려 넣는다.

4.2.9 싱크로트론과 방사광

자! 이제 싱크로트론 방사광 가속기를 보자. 물론 전자 빔을 만드는 이온 발생기의 원리는 이미 앞에서 이야기하였다. 고에너지를 얻기 위해 전자를 원형으로 가속시키는데 사실 정확하게는 완전한 원은 아니다. 원형을 한 다각형이라고 생각하면 된다. 이때 원운동을 하도록 만들어 주는 것이 전자석이다. 즉 이미 앞에서 여러 번 설명을 했듯이 이러한 전자석은 이온 빔의 방향을 바꾸어 주는 역할을 한다. 아울러 빔을 퍼지지 않도록 잘 가두어 주는 역할도 동시에 담당한다. 그러면 엑스선은 어디에서 나올까? 바로 전자석이 있는 곳, 다시 말해 휘는 곳에서 나온다. 운동하는 물체가 비록 속력은 같다 하더라도 방향을 바꾸면 가속도가 나오는데 이러한 가속도는 힘을 유발시킨다. 여러분이 차를 탔을 때 차가 방향을 바꾸면 옆으로 힘을 받는 원리와 같다. 이미 이야기를 했지만 이 현상을 **싱크로트론 복사**라고 한다. 이렇게 이온, 즉 전자가

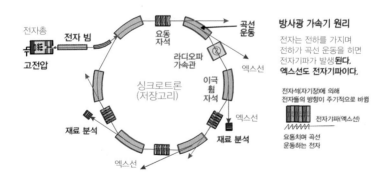

그림 4.31 원형 가속기에 의한 엑스선 발생. 전자 빔을 가속시키는 경우이다. TV에 사용되었던 음극선관, 엑스선을 내어 몸속의 구조를 사진으로 보여주는 CT 촬영기 등이 모두 전자 이온 빔을 이용한다. 전자를 물결처럼 파동 치게 하는 방법으로도 엑스선을 만든다.

방향을 바꾸면 높은 에너지 빛인 엑스선이 나오게 되고 이러한 엑스선은 물질을 뚫고 들어갈 수 있다. 이렇게 들어간 엑스선은 다시 재료 속에 있는 원자들, 정확히는 전자들과 상호작용한다. 이때 상호작용하여 나오는 엑스선이나 특정의 전자를 측정하면 내부 구조를 볼 수 있는 영상이 나온다. 여기서 영상이라 함은 보통의 사진이 아니라 구조적인 데이터의 양이다. 과학자들은 이러한 데이터를 분석하여 마치 사진을 보는 것처럼 해석을 한다.

요즘에는 원형의 곡선을 넘어 자석을 이리저리 배치하여 전자의 운동을 마치 물결처럼 파동 치게 하여 엑스선을 발생시키고 있다. 흔한 말로 4세대 방사광이라고 한다. **누룽지의 진화**가 대단하다.

그런데 우리나라에서는 제대로 알려지지 않았지만 싱크로트론에 의한 진짜 누룽지는 다른 응용 분야에 있다. 그것은 양성자 싱크로트론을 활용한 중성자 빔과 뮤온 빔 시설이다. 양성자 싱크로트론은 현재에 와서는 입자물리학 실험에서 소위 **충돌기**(collider)로 주로 사용되기도 한다. 무슨 말이냐 하면 고에너지 양성자 빔을 이용하여 양성자 빔은 물론이고 반양성자 빔을 동시에 만들어 서로 마주보며 달려오게 하여 서로 충돌시키는 실험이다. 이러한 실험은 보통의 매질에서는 나오지 않는 소립자들의 발견과 그 성질을 연구하는 데 적합하다. 그러나 이러한 거대 가속기 시설에서도 사회의 욕구에 발맞추어 양성자 빔을 활용한 소위 누룽지 시설을 만들어 각광을 받기도 한다. 그것이 곧 중성자 빔과 뮤온 빔 시설이다. 나중 중이온 가속기 응용 연구 영역에서 다루기로 한다.

4.3 가속기와 누룽지 이론

앞에서 누룽지 이야기를 많이 하였다. 사실 지은이가 누룽지 이론의 제창자이다. 도대체 누룽지 이론이란 무엇일까? 그림 4.32는 시중에서 판매되는 누룽지와 진짜 누룽지 사진이다

물론 누룽지는 밥을 하는 과정에서 나오는 부산물이다. 흔히 과학을

그림 4.32 판매되는 누룽지(왼쪽)와 밥에 의한 진짜 누룽지(오른쪽).

말할 때 기술이라는 단어가 뒤따를 때가 많다. 그러나 기술을 말하기 전에 먼저 자연과학과 공학의 차이점을 알아야 한다.

인간은 자연 현상에 대해서는 자연과학을 통하여 자연의 질서를 파악하여 법칙을 이끌어 내어 그 의미를 파악한다. 또 한편으로는 인간의 내면에 들어 있는 감정과 인류생활에 깃들어 있는 사회 질서와 그 의미를 예술과 문학을 통하여 표현해오고 있다. 종교도 있지만 여기에서는 피한다.

과학은 자연현상을 발견하고 기록하여 숨겨진 질서를 찾아내어 법칙으로 만드는 학문의 영역이다. 과학적인 지식은 그것을 **경험하기 이전에 가능성**을 예측해 준다. 또한 사물을 연결시켜주며 그들 사이의 관계를 관찰하고 주위에서 발견되는 무수한 자연적 사건들에게 의미를 부여하는 방법을 제공한다. 과학은 지식의 집합체이며 자연의 비밀을 탐구하는 영역이며 우주의 진행과정과 관계되며 관찰에 의해 진리를 규명하는 객관적 학문이다.

일반적으로 우리나라 사람들은 현대의 최첨단 기술에 의해 양산된 첨단기기들을 가장 선호하고 그것을 폭넓게 사용하면서도 그러한 기술이 나오게 된 원천에는 무관심한 편이다. 더욱이 그러한 첨단 기기들의 생산과 수출에 의해 우리나라 경제가 활성화되는 것인데 이에 대한 의식이 부족한 편이다. 오늘날의 최첨단 문명 기기들이 사실상 물리학이나 화학을 비롯한 자연과학과 이를 바탕으로 한 공학 기술에 의해 탄생되었음에도 순수 과학에 대한 선호와 발전을 위한 지원에는 인색한 것이 국민의 정서이다.

이 책을 읽는 여러분은 휴대전화인 스마트폰을 소지하고 있을 것이다. 왜 스마트폰이라고 할까? 사실상 **휴대전화**(mobile phone)가 정확한 표현이다. 스마트폰은 어느 미국 회사에서 이끌어낸 상술적 이름이다. 유럽에서는 휴대전화로 부르나 미국에서는 **세포 전화**(cellular phone)라고 부른다. 무선 기지국들이 세포처럼 퍼져 있다는 의미이다. 기지국이 없으면 무선 전신은 무용지물이다. 우리나라는 이러한 기지를 지하는 물론 산속 깊은 곳까지 설치하여 전국 어디에서나 통신이 가능하다. 무선이라 하여 마치 선이 없이 통신이 되는 것처럼 느끼겠지만 천만의 말씀이다. 선에 의한 통신이 어미에 해당한다.

이 휴대전화에는 오늘날의 최첨단 기술이 총망라되어 있다. 메시지를 보여주는 디스플레이, 소리를 들려주는 스피커, 작동에 필요한 에너지원인 배터리 등. 앞에서 소개한 적이 있는 디스플레이 종류를 보자. 이미 액정 디스플레이(LCD), 유기발광다이오드 디스플레이(OLED) 등에 대해서는 앞에서 소개를 한 바가 있다. 이러한 용어에는 물질의 액정 상태, 분자의 발광 상태 등을 이용한다는 의미가 포함되어 있다. 오늘날은 탄소나노튜브를 비롯한 나노미터(10^{-9} m) 크기 정도의 수준에서 이루어지는 재료 개발 및 응용기술이 이루어지고 있다. OLED인 경우 분자 수준의 두께로 소자를 제작하고 있다. 이제까지와는 완전히 차원이 다른 정보 저장, 에너지 변환, 조명 기술을 일구어 낼 것이다. 더욱이 유기성 분자 재료에 의한 소자 개발은 차세대 태양광, 메모리, 디스플레이 기술 등에 바로 적용되어 인류의 생활을 변화시킬 것으로 기대되고 있다. 이러한 차세대 첨단 기술은 여기에서 다루는 중이온 가속기의 희귀동위원소 빔에 의한 물질 구조 연구로 더욱 발전되리라 본다.

특히 유기성 반도체 재료의 연구와 이를 응용한 나노 크기급 유기소자 기술 등은 물리학, 화학, 생물학 등이 하나가 되었을 때 더욱 빛을 발한다. 이러한 **융합수렴 기술**(Converging Technology)은 물리학을 위시하여 화학, 생물학, 의학 등을 접목하는 다학제간 연구에서 탄생된다. 주의할 것 하나 보탠다. 융합 기술을 말할 때 종종 영어로 퓨전(Fusion) 단어를 쓰는 경우를 본다. 대표적인 **콩글리쉬**이다.

이러한 융합수렴적 연구를 위한 가장 적합한 도구 중의 하나가 중이온 가속기이며 곧 **중이온 빔 과학**이다. 그렇다고 공학에 기반이 되어 기술적인 제품들을 만드는 데 관계되는 재료 분석만을 위한 시설은 물론 아니다. 인간 활동에 있어서 가장 심오한 영역인 우주의 기원과 진화, 별들의 일생, 원자핵의 성질과 그 에너지 발생 원리 등을 직접 연구하는 터가 중이온 가속기의 본류이다.

팔기 위한 누룽지가 아니라 진짜 밥을 만들며 밥의 맛과 향 그리고 그 부산물인 누룽지까지 생산하는 솥 바로 희귀동위원소 중이온 빔 생산 가속기이다. 그 이름을 라온(RAON)이라 한다.

라온을 보자.

5장

우리의 자랑
라온 가속기

희귀동위원소 빔 생산 가속기 라온 시설 완성도
(2021년도에 완공된다.)

희귀동위원소 빔 생산 가속기 라온 모습. 모두 지하 층에 설치되어 있다.

5.1 라온 가속기

5.1.1 탄생과 이름에 얽힌 사연

중이온 가속기 구축 계획은 2009년도에 지정된 국가 벨트 종합계획 중 국제과학비즈니스벨트 사업의 일환으로 시작되었다. 그리고 2011년 11월 이를 실행하기 위한 기관으로 **중이온 가속기 구축 사업단**이 탄생하였다. 2012년도부터 본격적으로 사업이 시작되어 2021년 12월에 완공이 된다. 국제과학비즈니스벨트는 거점지구인 대전시와 기능지구로 나뉜다. 중이온건설구축사업단은 기초과학연구원과 함께 거점지구의 핵심을 이루는 시설이다. 명칭 중 건설이 나중 추가되었음을 알려둔다. 그림 5.1에서 보는 바와 같이 위치는 대전시 유성구 신동 지역이다. 아울러 근처 둔곡 지역에 상업시설과 주거시설도 들어선다. 중이온건설구축사업단은 2021년도 그 임무가 끝나면 해체되며 새로운 기관으로 거듭난다. 현재는 기초과학연구원 산하로 되어 있다.

그런데 가속기의 명칭부터가 무척 혼동을 초래하고 있다. 라온 이름에 대해서는 다음에 자세히 설명하겠다. 우선 '중이온 가속기'라는 명칭부터 살펴보자. 중이온은 영어의 Heavy Ion의 한글 표기이다. 말 그대로 무거운 이온이라는 의미이다. 그럼 왜 굳이 이러한 용어를 택했을

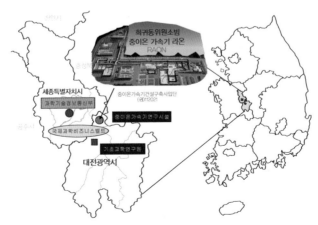

그림 5.1 희귀동위원소 가속기 라온 가속기 위치. 대전시 유성구 신동에 위치한다.

까? 그 이유는 국내에서 추구되고 또 건설된 입자 가속기 중에서 양성자 가속기가 주류를 이루어 그 상대적인 개념으로 나왔기 때문이다. 주로 고에너지 영역 핵물리학자나 입자물리학자들은 한국에 건설되는 가속기는 고에너지 양성자 가속기를 선호한다. 여기서 물론 중이온은 헬륨 이온 이상을 말한다. 그런데 건설될 중이온 가속기의 진짜 목표는 방사성핵종 빔에 해당되는 희귀동위원소 빔 생산에 있다. 혼동은 여기서부터 나온다. 그럼 처음부터 희귀동위원소 가속기 혹은 방사성 이온 가속기라고 했으면 좋지 않았나 하는 반문이 나올 수밖에 없는 상황이 되는 것이다. 이 대목에서 한국 특유의 문화가 드러난다. 구분한다는 의미에서 '한국형' 중이온 가속기라는 이름을 붙여 사용하게 된다. 더욱이 '라온'이라는 명칭까지 겹쳐 혼란이 더욱 가중되어 버렸다. 지은이로서는 "희귀동위원소 가속기 라온"으로 통일되었으면 한다. 희귀동위원소에 이미 중이온이라는 의미가 포함되기 때문이다. 물론 중이온이라는 단어가 더 광역에 속하기는 하다. 그러나 특수한 가속기라는 의미가 들어가기 위해서는 희귀동위원소가 더욱 알맞다고 본다. 일반적으로 **방사성 이온 빔**(Radioactive ion beam)이 **가장 정확한 표현**이다. 희귀라는 단어는 어디까지나 상대적인 의미를 지니기 때문이다. 이래저래 명칭 때문에 고민이 많다. 하나 더! 앞으로 외국 시설들을 둘러보면서 알게 되겠지만 무수한 영어 약자들이 나온다. 그것도 억지로 맞추어 고상한 단어로 되기 위해 만든 것들이 많은데 학자로서 민망할 때도 많다. 다음에 나오는 라온은 더욱 그렇다. 더욱 혼란스러운 것은 의료용 탄소빔 가속기를 이번에는 **중입자** 가속기로 부르는 현실이다. 도대체 중이온과 중입자의 차이가 어디에 있는지 반문하고 싶다.

라온이란

이제부터 이 책의 주인공인 라온 가속기를 방문한다. 라온 가속기는 입자 가속기이며 그것도 탄소나 우라늄 같은 무거운 입자를 가속시키는 중이온 가속기이다. 더욱이 희귀동위원소 빔을 생산하는 특별한 입자 가속기이다.

그런데, 라온 가속기를 방문하기 전에 우선 그 이름이 왜 **라온**인지 알아보자. '라온'이 무슨 뜻인지 아는 사람이 과연 얼마나 될까? 공식적으로는 아주 긴 영문자의 약자인 **RAON**의 한글 발음으로 나와 있다. 현장 실험을 위한 희귀동원소 가속기 복합시설(**Rare isotope Accelerator complex for ON-line Experiments**)이라는 의미이다.

과연 그럴까? 사실 라온이라는 한글식 이름을 먼저 붙이고 영어식은 나중 억지로 맞추었다는 사실을 밝혀둔다. 왜 이렇게 되었을까? 우리나라에서 최초로 건설되는 희귀동위원소 빔 생산 중이온 가속기의 이름을 공모에 붙인 것이다. 그리고 공모에서 채택된 이름이 '라온'이다. 그런데 현재에는 사용하지 않은 사라진 한국말이라고 한다. 그 뜻이 '즐거운, 유쾌한' 등의 의미라고 설명이 나왔다. 지은이는 한글과 우리말에 대한 깊은 지식을 갖춘 사람이다. 그럼에도 이 단어만큼은 들어본 적도 그리고 옛날에 쓰였다는 문헌도 본적이 없다. 그런데 어느 날 보니 라온이라는 말이 유행하는 것을 보고는 그 유래를 알아보았다. 그러나 어떠한 증거도 없었다. 그저 떠도는 소문에 의해 그렇다는 정도이다. 어느 지방의 사투리라는 주장이 가장 설득력이 있는 설명이었다. 여기서 이러한 이야기를 길게 하는 것은 라온이라는 말이 중요한 것이 아니라 아무런 의식 없이 이렇게 공공의 시설에 어울리지 않는 이름을 가져다 붙여버리는 책임 의식의 결여이다. 이 분야에 종사하는 과학자들이 보기에 민망할 따름이다. 생각을 해보자. 오늘날은 영어의 영향이 너무 세어 우리 고유 말들이 많이 사라지는 형편에 처해 있다. 가게 이름은 영어식으로 내놓지 않으면 흔한 말로 촌스럽다는 인식을 가하는 형편이다. 현재 사용되는 **우리 한글 말도 제대로 유지를 못하면서 우리도 모르는 옛날 말을 가져다 사용하는 것이 안쓰럽다.** 우리들의 무의식의 자화상이라 할만하다. 아마도 라온은 무엇보다 '나은'에서 그 유래가 나온 것 같다. 사실 우리나라 말 특히 남쪽 지방에서는 '라'와 같은 발음은 단어의 머리말에서 사용되지 않는다. 두음법칙에 따라 '나'로 발음된다. 이해가 갈 것이다. 성씨 중 이(李)는 사실 '리'가 원래 발음이다. 중국에서는 그대로 'Li'로 사용한다. 우리나라 사람들도 영문으로는 리(Lee)로 보통 적는다. 이 정도로 해두자. 지은이는 부록에서 우리나라 과학계에서 사용하는 용어에 대해 일러두기를 하였다. 라온이라는 명칭도 용어에 대한 인식의 부재에서 온다. 더욱 문제가 되는 것은 영어 RAON의 발음이다. 영어권 사람들은 이 단어를 십중팔구는 '레이온'으로 발음하게 된다. 우려되는 점이다.

5.1.2 라온 가속기의 특징

되풀이하자면 라온 가속기는 중이온 빔, 그것도 방사성핵종에 속하는 희귀동위원소 빔을 생산하는 특별한 가속기이다. 그림 5.2는 라온 가속기의 구조와 희귀동위원소 빔의 생산에 대한 경로를 보여주는 체계도이다.

라온 가속기 그림에서 우선적으로 설명할 곳이 이온원(샘의 뜻)(Ion Source) 장치인 이온 발생기와 핵반응 장치이다. 핵반응 장치는 크게 2가지로 나누어져 있다. 하나가 코브라(KoBRA)라고 불리는 핵반응 되튐 분광장치이고 다른 하나는 핵파편 동위원소 분리장치이다. 여기에서는 코브라 빔 경로 장치를 들어 앞에서 설명한 가속기 작동 원리에 대해 설명하고자 한다.

5.1.3 이온 발생기

이온 발생기는 모두 3개이다. 2개는 보통의 이온샘으로 안정동위원소에 해당되는 중이온 빔을 생산하며 그 원리는 전자 사이클로트론−공명 방법에 의한다. 쉽게 이야기해서 원하는 이온 빔을 주기적인 형태의 전자로 가열하면서 이온을 가두고 원하는 전하 상태를 골라 보내는 것이다. 그림에서 보면 주기가 표시되어 있는데 2종류임을 알 수 있다. 3번째가 ISOL에 의한 이온 발생기이다. 사실 처음부터 2차 빔을 만들어 보내는 이온 발생장치이다. 이 장치에 의해 2차 빔인 방사성핵종을 가속시켜 코브라 빔 선로 혹은 비행파쇄 동위원소 분리기로 보낸다. 코브라에서는 이러한 빔을 그대로 받아 최종 핵반응 위치에서 실험을 하게 된다. 주로 별들에서 일어나는 핵합성 반응 연구가 대상이다. 이와 반면에 비행파편 동위원소 분리기에 보낸 빔은 다시 핵반응을 일으켜 더 극도

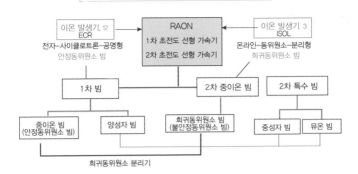

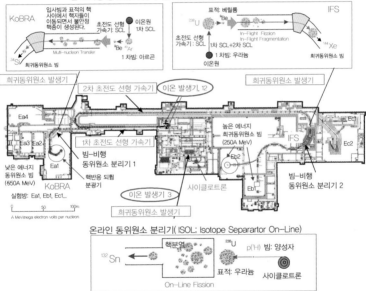

그림 5.2 희귀동위원소 생산 가속기 라온과 희귀동위원소 빔 생산 체계. 여기서 사이클로트론 가속기는 희귀동위원소 이온 발생에 사용된다. Ea1 실험방과 Eb2 실험방에 원으로 표시된 장치는 처음 가동 시에는 설치되지 않는다.

의 희귀동위원소 빔을 생산하는 1차 빔 역할을 하게 된다. 이러한 희귀 동위원소 빔 생산은 세계적으로도 아주 힘든 실험으로 성공을 하면 국제적으로 큰 반향을 일으킬 것으로 기대된다.

5.1.4 초전도 선형 가속관

선형 가속기의 원리와 구조에 대해서는 앞에서 이미 설명을 하였다. 그림 5.3을 보면 상당히 많은 가속 단계를 거치며 빔 에너지가 증가한다는 사실을 알 수 있을 것이다. 특히 초전도체로 이루어진 가속관을 설명하기에는 상당한 어려움이 있다. 1/4 파 공명관(Quarter Wave Resonator; QWR), 반파 공명관(Half Wave Resonator; HWR) 등이 1차 초전도 가속기의 가속을 시키는 이른 바 증폭기를 이룬다. 앞에서 간단히 설명을 한 바가 있다. 이와 반면에 2차 초전도 가속기에는 **SSR(Single Spoke Resonator)**이라 하여 구조가 다른 공명기가 장착이 된다. 해당되는 마이크로파는 325 MHz이다. 여기서 spoke는 바퀴의 살을 뜻하는데 공명기에 이와 같은 살 모양의 라디오파 주입기가 있어서이다. 아주 어려운 기술에 속한다. 초전도 전류관을 쓰기 때문에 액체 헬륨을 가두어 두는 초저온용 통이 구비되어야 하며 더욱이 공명관들을 몇 개씩 이어 다시 하나의 가속관으로 만들어야 한다. 이 모든 것이 조화롭게 일치되어야 한다. 빔을 가속시키고 모으고 원하는 종류를 고르는 등의 과정이 얼마나 힘든지는 직접 경험해보지 않으면 모른다.

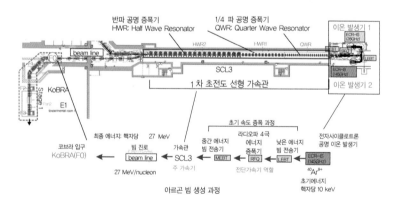

그림 5.3 1차 빔 생성 과정. 이온 발생기에서 아르곤—40을 이온화시켜 단계별로 에너지를 높여 최종적으로 핵자당 28 MeV를 얻는다. 우라늄인 경우 핵자당 최대 18.5 MeV에 해당된다.

초전도체(재료 니오븀; Nb) 가속관을 사용하는 이유는 전기 저항을 낮추어 낮은 전력으로 높은 전류를 얻기 위한 것이다. 여기서 초전도란 전기 저항이 거의 없는 물질의 특수 상황이며 아주 낮은 온도에서만 가능하다. 무려 마이너스 270도(℃)에 달한다. 이러한 냉각상태는 오직 액채 헬륨 상태에서만 가능하며 따라서 액체 헬륨을 사용한다. 일반적으로 물질의 상태에서 고체-액체-기체 중 고체 상태가 가장 낮은 에너지 상태이다. 헬륨인 경우 불활성 기체로 액체로 만들기에는 무척 힘들다. 모든 기체 중 헬륨이 가장 나중에 액체 상태를 만드는 데 성공했는데 불과 100년 전이다. 이러한 액체 헬륨은 또한 초유동 상태라는 특이한 현상도 나온다. 어찌 되었든 이렇게 극히 낮은 온도가 되면 전기 저항이 거의 0이 되는 상태가 되는데, 극히 낮은 온도에서는 물질 내부의 원자들이 가지런히 배열되고 잡스런 것들이 제거되어 전자들이 마음껏 한 방향으로 달릴 수 있기 때문이다.

이러한 초전도 구조를 가지는 가속관인 경우 전력 소비량과 발열에 따른 냉각 체계 구비 등을 고려할 때 경제적인 이득이 더 크다. 그러나 전체적으로 초전도 가속관을 만들고 유지하고 계획했던 성능 달성에는 무수한 어려움을 극복해야 한다. 이번 라온 가속기가 구축되면서 이러한 최첨단 기술 제품이 국내에서 제작되었다는 것은 자랑스러운 일이라 하겠다.

5.1.5 2차 빔 생성

이제 2차 빔 생성에 대하여 구체적인 보기를 들어 설명해보이겠다. 1차 빔을 아르곤-40(^{40}Ar)으로 하고 그 에너지는 핵자당 28 MeV로 설정한다. 아르곤 빔을 선택한 이유는 아르곤 자체가 기체 원소이기 때문에 처음 이온샘으로 만드는 데 비교적 쉽기 때문이다. 그리고 수소나 산소보다는 더 무거워 처음 의욕적으로 시작하는 한국의 중이온 가속기의 위상을 고려한 결과이다. 핵자당 28 MeV를 선택한 이유는 설치되는 이온 발생기 중 14.5 GHz에서 나올 수 있는 최적의 조건이기 때문이다. 만약에 이 보다 더 낮은 에너지를 선택하면 빔 선로에 설치된 빔 진단

장치들의 조건을 변경하여 조건을 최적화한다. 이온 발생기에서 아르곤 기체를 이온화시켜 빔으로 만드는 과정이 그림 5.3에 나와 있다. 이온 발생기에서 중이온 빔을 만드는 과정은 상당한 고도의 기술과 경험 축적이 필수적이다. 전자 빔을 만드는 것과는 차원이 다르다. 그림 5.3을 보면 초기 속도를 증가시키는 과정이 꽤 복잡하다는 것을 알 수 있을 것이다. 물론 이 과정에서 빔을 집중시키고 방향을 바꾸는 미세한 조절과정도 거쳐야 한다. 그리고 선형 가속관을 통과하면서 에너지가 급속도로 증가하게 한다. 최종적으로 핵자당 28 MeV가 되며 실험 시설 빔 선로인 핵반응 되튐 분광기(KoBRA)로 보내진다. 그림에서 F0라고 한 곳이 그 시작점이며 2차 빔을 만들기 위한 표적이 설치되는 곳이다. KoBRA 역시 빔 비행 파편 분리기의 역할을 하는 2차 빔 생성 장치이기도 하다.

2차 빔의 목적 핵종은 실리콘-34(^{34}Si)로 설정하자. 양성자수가 14이고 중성자수는 20번인 방사성핵종이다. 이 실리콘 동위원소는 안정동위원소에 비해 중성자수가 비교적 많은 희귀동위원소에 속한다. 특이한 것은 양성자수 14와 중성자수 20번이 핵물리학에서 유명한 마법수에 해당된다는 사실이다. 이러한 핵종은 비교적 안정된 상태를 가지며 둥근 공꼴을 취한다. 그런데 이 핵은 양성자가 그 핵심에 분포하지 않은 아주 특이한 매질 분포를 갖는다. 이른바 도넛형 거품구조라고 부른다. 이러한 구조는 초중핵 구조와 중성자별의 특이성을 연구하는 데 중요한 역할을 한다.

1차 빔이 탄소 표적을 때리면 수많은 핵종들이 생성된다. 그림 5.4를 보기 바란다. 생성되는 핵종들의 종류는 물론 1차 빔의 아르곤-40 근처의 것들이다. 검은색 부분이 가장 많이 생성되는 핵종들에 속한다. 여기서 원하는 실리콘-34는 최대 생성 핵종들에 비해 약 100배 정도 낮은 것을 알 수 있다. 1차적으로 중요한 것이 전하수 대 질량 비율이다. 가령 실리콘-34인 경우 전하수는 14이고 질량수는 34이다. 여기서 14인 것은 14개의 전자가 모두 벗겨져 나온 상태를 말한다. 사실상 이 정도 핵반응이 일어났을 때 생성되는 핵종들은 가지고 있는 전자들은 대부분

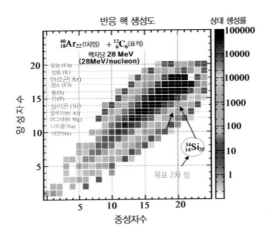

그림 5.4 1차 핵반응에 의한 2차 빔 생성도. 아르곤-40(^{40}Ar) 빔을 핵자당 28 MeV 에너지로 가속시켜 탄소-12(^{12}C) 표적에 충돌시킨 결과이다.

벗겨져 나간다. 이때 14 대 34의 비율에 맞는 2극 전자석의 세기를 조절하면 이와는 다른 비율을 가진 이온들은 걸러지게 된다. 즉 더 휘어지거나 덜 휘어져 정상적인 빔 선로로 들어서지 못하고 빔 덤프에 저장된다. 이제 그림 5.5를 보기 바란다. 그런데 이러한 조절로는 모두 걸러지지 않는다. 즉 실리콘-34와 비슷한 전하 대 질량 비율을 가진 핵종들은 통과하게 된다. 예를 들면 알루미늄-32(^{32}Al), 인-36(^{36}P), 황-38(^{38}S), 염소-41(^{41}Cl), 아르곤-43(^{43}Ar) 등이다. 두 개의 2극 자석 사이에 있는 빔 분석 장치에 주목하자. 이 장치에는 빔의 폭을 좁히거나 넓히는 조그만 구멍이 있으며 빔의 에너지를 줄이는 알루미늄 판이 설치되어 있다. 특히 알루미늄 판에 의해 빔들의 에너지가 소비되면서 줄어드는데 질량수에 따라 줄어드는 값이 다르다. 그러면 실리콘-34에 해당되는 에너지만 골라 2차로 2극 자석의 세기를 조절하면 나머지 빔들이 걸러지는 효과를 볼 수 있다. 결국 두 번째 2극 자석 장치를 지나면 거의 대부분의 빔은 실리콘-34로 이루어진다. 아울러 실험위치 1(공식적으로는 F3)과 실험위치 2(F4)에 설치된 검출기로 두 실험장치 거리를 진행하는 빔의 속도도 측정할 수 있다. 그러면 오직 실리콘-34에 대한 빔 정보를 얻게 된다.

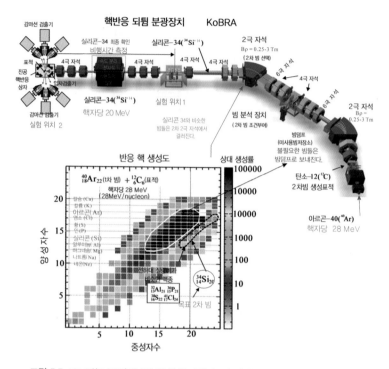

그림 5.5 코브라(KoBRA)의 2차 빔 생성 과정과 2차 빔에 의한 핵반응 실험 준비 모습.

　최종적으로 실리콘-34 빔을 실험장치에 설치된 특정의 표적에 충돌시켜 핵반응을 일으킨다. 이 핵반응에서 나오는 다양한 전하 입자들과 감마선을 측정하면 실리콘-34 자체의 구조는 물론 표적과의 관계 핵반응 과정이 드러나게 된다.

　그런데 KoBRA의 명칭에서 되튐 분광장치라는 말이 나온다. 여기서 되튐(recoil)은 무엇을 의미할까? 사실은 되튐 분광장치가 그림 5.5에는 생략되어 있다. 원래는 있었는데 예산의 부족으로 사라지고 말았다. 마치 SCL1의 경우와 같다. 이 문제를 짚고 넘어간다. 원래 KoBRA의 구조는 **그림 5.2에 동그라미로 그려져 있는 것**을 포함했었다. 즉 2극 전자석이 두 개 더 포함되어 핵반응에서 나오는 입자들을 걸러내어 파악하는 분광기이다. 이때 이러한 입자들은 핵반응 과정에서 뒤로 향하는 방향을 갖고 있어 되튐이라는 용어가 나온 것이다. 이 분광기가 존재함으로써 핵반응에서 나오는 입자들과 동시에 감마선들이 측정되어 모든 핵반응의 정보가 얻어진다. 현재로서는 이 방법은 사용하지 못한다. 그 대신 핵반응 표적 주위에 전하 입자 검출기들을 설치하여 최대한의 정보를 얻는 수밖에 없다.

여기서 반드시 언급하고 넘어갈 사안이 있다. 그것은 이러한 실험을 하기 위한 과학자들의 노력과 능력이다. 특히 핵물리학자들은 위에서 언급한 모든 과정들을 직접 경험하며 실행하는 것이 보통이다. 그것은 가속기가 갖추어지고, 표적이 주어지고, 원하는 빔이 나오고 검출기도 갖추어져 오직 실험 수행만을 한다는 의미가 아니라 처음부터 모든 과정에 참여한다는 사실이다. 이 점이 가속기에 의한 이온 빔 응용 실험, 예를 들면 재료과학, 생명과학 영역에 종사하는 과학자들의 역할과 입장과는 판이하게 다르다. 사실 핵물리학자들은 재료과학이나 생명과학은 물론 의학에 필요한 실험장치 및 실험 자체를 모두 대신해 줄 수 있는 지식과 경험을 갖추고 있다. 따라서 앞으로 재료과학, 생명과학, 의학 등의 가속기 활용 연구에 있어서는 핵물리 실험 과학자들과의 긴밀한 연대가 양질의 실험 연구 결과로 연결되리라 생각한다.

5.2 라온 가속기의 역할

5.2.1 연구 활용 장치

라온 가속기의 원리는 앞에서 자세히 설명이 되었다. 그 구조 역시 이미 그림으로 밝혔다. 여기에서는 라온 가속기의 역할을 보기로 한다. 라온 가속기의 구조와 그 역할을 하는 실험장치들은 그림 5.6과 같다.

중이온 가속기에 의한 중이온 빔 과학 활용영역은 광범위하다. 크게 핵과학 영역과 재료과학 그리고 생명과학으로 나눌 수 있다. 이미 언급을 한 바가 있지만 응용 장치 중 뮤온스핀 분광장치와 핵데이터 생성장치는 중이온 빔과는 무관하다. 이 두 개의 장치는 양성자 빔을 1차 빔으로 하여 생성되는 2차 빔인 중성자와 뮤온을 이용하는 분광장치이다.

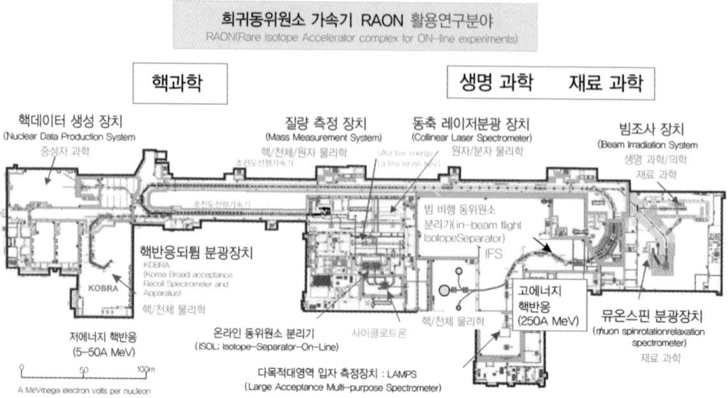

그림 5.6 라온 가속기 활용장치와 과학 연구 영역.

이에 대해서는 나중 자세히 설명한다.

가장 기초적인 학문 영역인 핵물리학을 비롯하여 물질의 성질과 그 구조를 분석하는 물성 분석학 영역, 생명·의학계에 폭넓게 활용될 수 있는 중이온 빔에 의한 세포(단백질) 이온 빔 반응 분석학 등이 이에 속할 수 있다. 여기서 순수 핵물리학 영역인 핵구조 물리학, 천체·핵물리학, 핵반응동력학(핵물질) 등을 제외한 핵과학의 파생적인 응용학인 경우 사실상 복합적인 학제간 연구(inter-disciplinary 혹은 multi-disciplinary)에 의해 이루어질 수 있는 수렴학적 과학·기술(converging science & technology) 영역이라고 할 수 있다.

5.2.2 연구 분야

그림 5.7은 앞에서 언급한 희귀동위원소 빔 과학을 체계적으로 정리한 흐름도이다. 핵과학은 순수 핵물리학은 물론 핵공학을 아우르는 영역으로 이해해주기 바란다.

여기서 특별히 강조해둘 점이 있다. 그것은 자연계의 힘에 대한 것이다. 이미 앞에서 자연에는 네 가지 힘이 존재한다고 설명을 한 바가 있다. 그림 5.7을 보면 그 중에서 중력을 제외하고 난 힘들이 가속기 관련 연구 분야와 어떻게 얽혀있는지가 나와 있다. 보통 엑스선, 즉 빛에 의

160

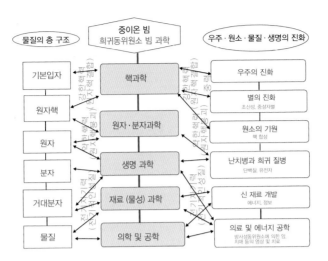

그림 5.7 라온 가속기에 의한 중이온 빔 과학 영역. 중이온 빔은 주로 방사성핵종인 희귀동위원소 빔을 의미한다.

한 가속기 활용 영역은 사실상 모두 전자기력에 한한다. 생명체의 내부 구조이든 재료과학에 있어 물성 연구이든 전자가 관여하는 전자기력과 관계가 된다. 이와 반면에 중이온 빔에 의한 과학은 훨씬 넓다. 우주의 진화와 별들의 활동에 대한 영역은 전자기력도 포함되지만 결정적인 역할은 핵력이며 그것도 강한 핵력과 약한 핵력 등 두 개의 기본적인 힘이다. 물론 중력도 포함된다. 이러한 사실에서 라온이 담당하는 과학 영역이 얼마나 넓은지 알 수 있을 것이다.

6장

라온 가속기가
만드는 과학

6.1 라온 활용 연구 1: 핵과학

먼저 순수 연구 분야로 핵과학에 대하여 기술한다. 주요 쟁점은 다음과 같다.

> 첫째, 우주에서 생성되는 원소의 기원은 무엇일까?
>
> 둘째, 별의 진화―별의 탄생과 폭발 등―를 일으키는 원자핵 반응의 기본 얼개는 무엇일까?
>
> 셋째, 빠른 중성자 포획 반응은 어디에서 일어날까?
>
> 넷째, 중성자별의 존재와 그 물질의 성질은 무엇일까?
>
> 다섯째, 원자핵은 어디까지 존재할까? 즉 원자번호의 끝점은 어디이며 한 원소에 있어 중성자의 끝점은 어디에서 멈추며 그 이유는 무엇인가?
>
> 여섯째, 양성자와 중성자의 비가 극단적으로 다를 때 핵의 성질은 어떻게 진화되는가?
>
> 일곱째, 양성자수의 변화 혹은 중성자수의 변화에 따른 핵의 성질은 어떻게 변화해 가는가?
>
> 여덟째, 개별적인 핵자들의 조직에 의해 나타나는 집단성의 성질들―회전, 진동, 찌그러짐―의 기본 얼개는 무엇일까?

등이다. 이러한 물음들은 모두 원자핵 구조 규명과 맞물려 있으며 인류가 밟아야 할 지적 탐사의 큰 영역이다.

위와 같은 핵과학 분야는 핵물리학을 바탕으로 하여 핵구조학, 핵매질학, 천체핵물리학 등으로 나누기도 한다. 천체핵물리학은 천체물리학에 있어 별의 진화와 핵합성 영역에서 핵물리학의 역할을 엮어 만든 학문 분류이다. 이러한 천체핵물리학에 있어 다루는 것은 주로 해당되는 핵반응이 얼마나 빨리 그리고 자주 일어나는가 하는 실험―이를 핵반응 단면적이라고 부른다―을 주로 담당한다. 핵반응이 어떻게 일어나고 그 비율이 어떻게 될 것인가에 대한 원인 규명은 사실상 핵구조와 핵매질의 성질에 달려 있으며 따라서 모두 학문적으로는 얽혀 있는 셈이다. **너무 분화되고 자기가 속한 그 분화된 영역만 연구하다 보면 전체적인 모습을**

볼 수 없어 큰 연구 성과가 나오지 않는다. 특히 국내 학자들이 유념해야 할 점이다. 외부적으로 우주의 기원과 별들의 모습을 연구하는 것이 멋지게 보이고 이에 따라 마치 천체핵물리학이 라온 가속기의 활용 연구에서 중심적 역할을 한다는 잘못된 인식이 퍼지지 않기를 바란다.

6.1.1 초기 우주에서는 어떠한 일이 일어났나?

우리의 우주의 역사는 **대폭발(빅뱅)** 이론에 의해 설명된다. 빅뱅 이론에 의하면 우주는 지금으로부터 약 140억 년 전에 대폭발에 의해 형성되었다고 한다. 대폭발이 있고 난 후 우주는 계속 팽창하고 있다. 아주 짧은 기간, $10^{-13} - 10^{-3}$초,에 소위 쿼크들이 서로 결합하여 오늘날 잘 알려진 원자핵을 이루는 핵자들, 즉 양성자와 중성자가 만들어 졌다. 양성자가 중성자보다 약간 가볍기 때문에 양성자수가 중성자수보다 약간 많다. **오늘날의 네 가지 기본적인 힘들이 이 시기에 모습을 드러냈다.** 온도는 천억도, 10^{11}K까지 내려간다. 이제 우주는 광자, 전자, 중성미자, 양성자, 중성자 및 그들의 반입자들로 어우러진 죽(soup)으로 되었다. 여기서 K는 절대온도 기호라고 이미 설명을 하였다.

다음으로 10^{-3} 초– 3분 기간 중 **3분** 무렵 우주는 10억도, 10^9K,까지 식는데 비로소 **핵합성이 시작**된다. 다음으로,

3분에서 50만 년 기간 중 헬륨과 다른 여러 가지 가벼운 핵들이 조성된다. 중성자 붕괴가 일어나 양성자수가 많아진다. 우주는 계속 식어 만 도, 10^4K, 정도 된다. 우주는 주로 광자, 양성자, 헬륨핵, 전자로 이루어졌다. 원자는 만들어지자마자 강력한 전자기파, 즉 광자에 의해 이온화되므로 만들어질 수는 없었다. 광자들은 전자기 상호작용을 통하여 대전된 입자들과 자유롭게 반응하며 물질에 의해 흡수, 방사, 산란되고 있었다. 그리고

50만 년에서 현재기간에 드디어 광자(전자기파)가 물질로부터 분리될 만큼 식게 되었다. 약 3000K가 되면 양성자와 전자가 결합할 수 있게 되어 중성의 **수소원자가 만들어진다.** 이때부터 광자는 수소와의 산란을 끝내고 자유롭게 움직이게 되며 이때부터 우주는 복사보다 물질의 형태

로 더 많은 에너지를 포함하게 된다. 이제 광자는 우주를 자유롭게 통과하므로 3000K에 해당하는 **흑체 복사(blackbody radiation)**를 영원히 존속하게 된다. 이 3000K의 흑체복사가 우주의 팽창에 의해 빨간색이동(적색편이; red shift)이 되는데, 오늘날 관측되는 **3K의 우주배경복사**가 바로 이것이다. 이제 원자들이 형성되고 이것들이 서로 결합하게 되면 분자 더 나아가 기체구름 등으로 발전하며 마침내 중력 수축을 일으키면서 **원시별이 태어나게 된다.**

라온 가속기는 위와 같은 초기(아기)우주의 탄생과정과 별의 진화의 비밀을 풀어내는 역할을 하는 핵합성 공장이다. 특히 3분 후에 이루어진 핵합성의 과정을 실현하며 원소의 탄생과 원자, 분자들의 근원적 성질을 규명하여 한국의 순수과학의 위상을 높이게 된다.

초기(아기)우주에서 매질은 양성자와 중성자 그리고 광자가 서로 섞여 있는 국물이라고 여겨지고 있다. 특히 빅뱅에 의해 양성자와 중성자 그리고 전자의 탄생에 의해 수소와 헬륨 원소가 탄생되었다고 한다. 그런데 원자번호 3번인 리튬(Li)이 빅뱅에서도 만들었다는 관측 결과가 나오며 그 원인에 대한 각종 설이 난무하고 있다. 그리고 존재비 역시 강력하게 지지받는 이론과는 많은 차이를 보이며 가장 뜨거운 미해결 문제로 남아 있다. **아기우주의 매질의 특징은 어떠했을까? 그 대답은 원자핵 매질 연구와 직결된다.** 특히 원자핵 매질을 이루는 핵자, 즉 양성자와 중성자의 분포와 그 상호작용이 중요하다. 그런데 여기에 더 붙여 헬륨핵, 즉 알파입자−두 개의 중성자와 두 개의 양성자−도 기본 핵자처럼 핵 내부 물질을 이루고 있을 수가 있다. 이 기본 핵자를 앞으로는 **알파론(Alpharon)**이라 명명한다. 따라서 프로톤(proton; 양성자), 뉴트론(neutron; 중성자)의 영문 이름과 대비되는 효과를 갖는다. 위에서 든 리튬핵이 알파론 형성과 밀접한 관계를 가지며 원시우주의 매질 형성과 그 구조에 지대한 영향을 미칠 것으로 기대된다.

본 라온 활용 연구에서는 이러한 알파론의 존재 여부와 함께 리튬에 의한 핵반응 연구, 정교한 베타 붕괴 측정, 극도의 희귀동위원소들이 양성자 붕괴, 중성자 붕괴 핵종들의 생산을 통하여 초기우주의 매질과 원소합성의 비밀을 파헤친다.

더욱이 **초기우주 상태인 100억–10억도 이상의 매질에서의 핵매질 성질들의 상태들을 중이온 대 중이온 충돌실험에 의해 그 상태방정식을 유도하여 초기우주의 매질 연구**를 실행한다. 중이온 빔을 중이온 표적 핵들과 충돌시키면 그 순간 밀도가 매우 높아지며 극한 상황–높은 온도, 높은 밀도 상태–이 재현된다. 그리고 많은 전하 입자들이 생성되어 나오면서 극한 상황의 밀도 상태의 정보를 가져다준다. 더욱이 다양한 희귀동위원소 핵들을 충돌시켜서 중성자 대 양성자 비대칭 정도에 따라 생성된 핵물질의 핵자밀도 변화를 알아본다. 극한 물질 상태에서의 핵물질의 압축성을 반영하는 상태방정식 및 대칭에너지 연구는 핵 및 핵물질의 안정성뿐만 아니라 고밀도 상태를 유지하였던 초기우주 상태는 물론 중성자별의 구조와 내부 물질의 특성을 밝힐 수 있는 열쇠를 제공한다.

라온 장치 중 **빔 비행 동위원소 분리기**에서 행해지며 검출기로는 **LAMPS**가 사용된다.

6.1.2 중성자별은 어떻게 생겼나?

중력이 강하면 입자들에 의한 압력을 이겨 전자가 양성자와 합쳐지는 경우가 발생한다. 양성자가 전자를 포획하여 중성자로 변환되는 현상이 일어나는 것이다. 이를 전자포획이라고 부른다. 이때 양성자가 중성자

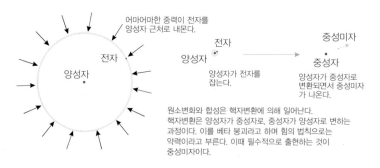

그림 6.1 중성자별을 이루는 중성자 탄생 순간의 모형.

로 변하며 중성미자가 출현한다(그림 6.1). 이러한 관계로 초신성 폭발이 일어나면 다량의 중성미자가 발견되는 이유가 여기에 있다. 우리는 앞에서 원자의 크기와 핵의 크기를 비교한 바가 있었다. 그리고 핵의 크기로 크기가 줄어들면 밀도가 어마어마하게 증가한다는 사실도 알아보았다.

그림 6.2는 중성자별의 일반적 모형이다. 어디까지나 이론적인 계산 결과에 의한 것이다. 중성자별의 표면은 이미 적색거성의 중심 밀도와 같으며 가장 안정된 원소인 철이 자리를 잡고 있다. 안으로 들어갈수록

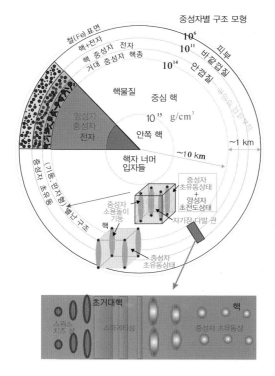

그림 6.2 중성자별의 구조. 안쪽 핵심부분에는 양성자와 중성자를 이루는 쿼크 등과 핵력에 관계되는 이상야릇한 입자들이 존재한다. 이러한 입자들의 연구는 소위 강입자(하드론) 혹은 입자 물리 실험에 의하여 이루어진다. 에너지가 너무 높아 중이온 가속기에 의해 연구되는 영역이 아니다. 여기서 주의할 점은 이러한 구조는 어디까지나 이론적인 계산 결과에 따른 것이며 실제 구조는 모른다는 사실이다. 중성자 과잉 핵종들이 만들어지는 곳은 대부분 바깥껍질(outer crust) 영역이다. 안쪽 껍질은 이른바 중성자 유동상태가 되어 질량수가 1000 이상인 거대핵종들이 존재할 수 있는 곳으로 예측되고 있다.

밀도는 증가한다.

밀도가 10의 14승 g/cm³이 보통 핵의 밀도이며 중성자별의 바깥 핵심을 이룬다. 안 껍질(inner crust)의 매질 구조가 아주 복잡하게 되어 있으며 한편으로는 이상한 형태의 핵종이 출현하는 것으로 예측하고 있다. 일반적인 핵들이 중성자를 계속 얻어 증가하게 되면 결국 바깥에는 중성자들로만 이루어진 표면이 만들어진다. 가령 양성자수가 마법수 50인 주석인 경우 **총 질량수가 1000개 이상이 존재**하는 것도 예상해볼 수 있다. 이러한 거대 핵들인 경우 공꼴이 아니라 막대형처럼 모양을 가지며 격자 형태로 매질을 이루는 것이 안정적이라는 연구 결과가 나오기도 한다. 이른바 파스타 형태의 구조이다. 이 모든 것들이 온도와 밀도 그리고 에너지에 따른 유체와 열물리학 법칙에 의해 계산된다. 하지만 이러한 거대 핵종은 실험적으로 만들 수가 없다! 현재로서는 최대한 중성자 과잉 핵종을 희귀동위원소 빔 가속기를 이용하여 양성자 대비 중성자수가 현저히 큰 핵종의 구조와 매질의 성질을 이용하여 간접적으로 중성자별의 구조를 밝혀내는 수밖에 없다.

그림 6.2에서 보면 전체적으로는 중성자가 초유동 상태로 되어 있는 상태에서 핵들이 마치 결정 구조를 가지면서 전체적으로는 막대형 거대 핵이 보일 것이다. 더욱이 양성자 역시 초전도 상태로 존재할 수 있어 이에 따른 강력한 자기장이 다발로 엮여져 나올 수도 있다. 이러한 것들은 지구에서의 물질의 온도와 밀도 변화에 따른 상변화에서도 찾아볼 수 있다.

위와 같은 극도로 높은 매질 상태를 지구상에서 만들 수 있을까?

유일한 방법은 핵 매질을 가지고 있는 중이온 핵들을 충돌시켜 핵 매질의 상태와 흐름을 보는 것이다. 이른바 중핵–중핵 충돌실험이다. 가령 질량수 208번인 납과 질량수 132번인 주석 핵을 강하게 충동시키는 경우를 생각하자(그림 6.3). 그러면 강력한 충돌에 의해 순간적으로 두 핵이 뭉쳐지면서 보통의 핵 상태보다 더 고온 고압의 매질이 형성된다. 이러한 매질은 거대 별 혹은 중성자별 내부의 상태와 비교될 수 있다. 이때 엄청나게 많은 핵들이 튀어나오게 되는데 이러한 핵들을 일일

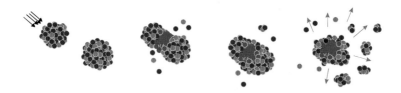

그림 6.3 두 개의 중이온 핵종 충돌. 정면으로 충동하여 합체되면서 초고온, 고압의 상태가 만들어진다. 이때의 밀도는 보통 핵의 밀도보다 높아 별의 폭발과정이나 중성자별 내부에 대한 중요한 정보를 가져다준다.

이 검출하고 또 시간적으로 어떠한 변화가 생기는지를 면밀하게 조사하게 되면 중심부에서의 핵 밀도의 값과 그 상황에 대한 정보를 얻을 수 있다. 물론 튀어나온 입자들의 방향성도 조사하게 된다. 이때 방향에 따라 특이한 특성을 가지는 핵종이 나타나면 핵 매질의 흐름에 대한 새로운 정보를 얻을 수 있다.

이와 같이 중성자수가 많은 중이온 핵, 예를 들어 주석−132(양성자:중성자 = 50:82) 빔을 만들어 납(양성자:중성자 = 82:126)에 충돌시키면 중성자별에 대한 매질 상태에 대한 정보를 얻을 수 있다. 왜냐하면 양성자수와 중성자수의 차이에 따른 상태방정식에서의 매개변수를 보다 구체적으로 얻을 수 있기 때문이다. 이 매개변수는 이른바 대칭성 에너지를 구하는 데 중요 역할을 하며 이러한 값으로부터 순수 중성자 매질의 성질을 유추할 수 있기 때문이다.

실험은 주로 빔 비행 동위원소 분리장치, IFS에서 이루어지며 사용되는 검출기 체계는 LAMPS이다. 많은 양의 데이터가 수집된다. 따라서 방대한 데이터를 해석하기 위한 고속 계산 기능의 전자회로와 컴퓨터의 병렬식 중앙처리기 등의 시설이 필요하다. 이와 같은 광대한, 즉 빅 데이터 처리 기술은 인공지능 개발에도 큰 역할을 담당할 수 있다.

6.1.3 베타 붕괴 없는 원소합성 비밀을 찾아서!

초기우주 3분 후 원소합성이 이루어졌다고 이미 앞에서 언급을 하였다. 보통 핵융합 반응, 그것도 양성자에 의한 포획반응에 의해 헬륨 이

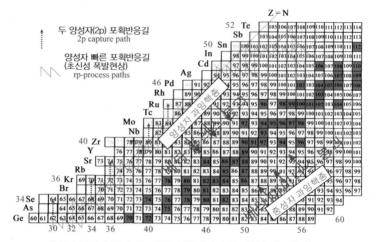

양성자 붕괴가 일어나는 극한 상황에서의 원소합성 가능성 연구

그림 6.4 핵 주기율표에서의 양성자 과잉핵종 부분. 양성자들이 더 이상 핵 안에서 묶여지지 않아 직접 붕괴하면 원소는 더 이상 존재하지 않는다. 이러한 극한 양성자 과잉 영역에서의 핵 붕괴 연구는 원소 합성과 극한 매질의 성질을 규명하는 데 일등 공신이 된다.

상의 원소들이 합성된다. 그리고 합성된 불안정핵종은 다시 베타 붕괴를 한다. 그런데 양성자가 특히 많은 상태가 되면 더 이상 원자핵으로 유지되지 못하고 직접 양성자를 방출하게 되는데 이러한 경계선을 양성자 붕괴선(proton drip line)이라고 한다. 그럼에도 이러한 양성자 붕괴 핵위에 베타 붕괴 핵이 존재하게 되면 두 번의 양성자 포획 과정을 거칠 수 있다(그림 6.4). 반응 율은 아주 낮을 수 있지만 전체적으로 보았을 때 초기우주 혹은 아주 특이한 별 내부에서 이러한 반응에 의해 원소합성의 반응길이 완전히 달라질 수 있다. 본 연구는 이러한 과정의 특이 양성자 포획 반응을 연구한다.

관련된 실험은 빔 비행 동위원소 분리장치, IFS에서 이루어진다. 측정되는 방사선들은 감마선, 베타선, 전하 입자 등 광범위하다.

6.1.4 초신성과 우주 감마선의 정체

그림 6.5는 우리 은하(Galaxy)에서 발견되는 핵반응에 의한 감마선들의 분포를 나타낸다. 실제적으로 별 내부에서 원소합성이 이루어진다는

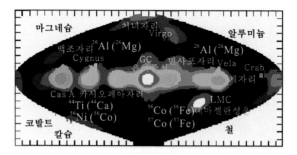

그림 6.5 우리 은하에서 발견되는 감마선 분포. 별에서 원소합성이 일어난다는 확실한 증거물이다. 우리 몸에 필수적인 철, 코발트 등의 원소가 보인다. 라온 기속기는 이러한 원소합성의 비밀을 파헤치는 역할을 한다.

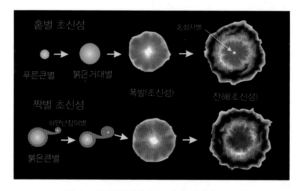

그림 6.6 초신성 폭발의 두 가지 시나리오 그림.

사실을 보여주는 아주 유명한 관측 기록이다.

위와 같이 관측되는 감마선은 사실상 빙산의 일각에 불과하다. 왜냐하면 반감기가 짧은 원소들인 경우 관측이 되지 않기 때문이다. 라온을 통하여 위와 같은 별 내부에서의 원소합성과 별들이 내뿜는 에너지 그리고 매질 상태가 밝혀지게 된다.

위와 같은 감마선들은 별들이 폭발할 때 주로 발생한다. 우리가 흔히 이야기하는 초신성 폭발 혹은 신설 폭발이다(그림 6.6).

그림 6.7은 카시오페아 자리 A에서 발견된 초신성 잔해의 모습이다. 이곳에서 티타늄-44와 니켈-56 등의 원소가 합성되는 것으로 관측되고 있다. 오른쪽의 모습은 엑스선 망원경으로 촬영된 것으로 다양한 성

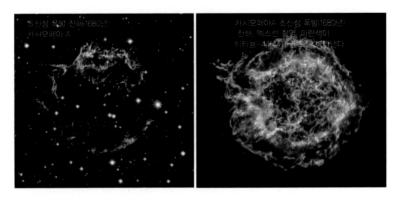

그림 6.7 카시오페아 자리 A에서 발견된 초신성 잔해의 모습(NASA 제공).

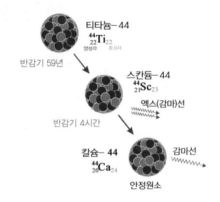

그림 6.8 카시오페아 A 자리에서 발견되는 원소합성도. 티타늄-44는 우선 스칸듐-44로 붕괴되고 최종적으로 안정원소인 칼슘-44가 합성된다. 양성자가 중성자로 변환되는 점을 눈여겨보기 바란다.

분들로 구성된 기체가 보인다. 티타늄-44의 분포는 파란색으로 나타나 있다. 하지만 티타늄-44의 발생과 이에 따른 칼슘-44의 조성비는 아직까지도 수수께끼로 남아 있다. 라온 가속기에 의해 그 비밀을 밝히게 된다. 그림 6.8은 티타늄-44가 칼슘-44까지 핵붕괴 과정(원소 변환의 일종) 모습을 그리고 있다.

두 번째로 관심을 가질 수 있는 것이 알루미늄-26의 발생에 의한 마그네슘-26의 원소합성 길이다. 사실 본 주제는 40여 년 전에 **알렌데 운석**

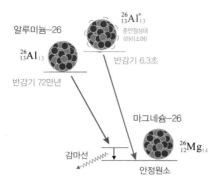

알루미늄-26

$^{26}_{13}\text{Al}_{13}$

반감기 72만년

$^{26}_{13}\text{Al}^*_{13}$
준안정상태
(아이소머)

반감기 6.3초

마그네슘-26

$^{26}_{12}\text{Mg}_{14}$

감마선

안정원소

그림 6.9 알루미늄-26이 마그네슘-26으로 원소 변환하는 모습. 독립된 두 갈래 길이 존재한다. 양성자가 중성자로 변하는 과정이다.

에서 발견된 것이 그 기폭제가 되었다. 그 당시 이 운석의 성분을 분석해본 결과 알루미늄-26이 다량으로 포함되어 있다는 사실을 알게 되었는데 상상도 할 수 없는 일이었다. 왜냐하면 알루미늄-26은 안정 원소가 아니었기 때문이다. 따라서 이에 대한 다양한 해석이 이루어졌는데 증명은 안 되었지만 우리 은하에서 초신성에 의한 결과라는 해석이 설득력을 얻었다. 이후 앞에서 이미 보인 바와 같이 우리 은하에서 알루미늄-26에 의한 감마선이 발견되어 사실임이 밝혀지게 되었다.

그런데 알루미늄이 마그네슘으로 변환되면서 발견되는 감마선 발생과는 또 다른 원소합성 길이 존재한다. 그림 6.9를 보자.

그림을 보면 알루미늄-26인 경우 반감기가 72만 년인 것과 함께 6.3초에 해당되는 상태가 있음을 알 수 있다. 이러한 상태는 보통의 핵의 들뜬 상태에 비해 무척 오래도록 유지되는 특별한 것으로 준안정상태라고 부른다. 영어로는 아이소머(Isomer)라고 부르는데 화학에서도 나온다. 이른바 이질동형의 쌍둥이에 해당된다. 다시 말해서 알루미늄 핵이 두 개 존재하는 셈이다. 물리적 법칙에 의해 이러한 준안정상태의 알루미늄은 마그네슘의 바닥상태로 붕괴되며 원소 변환을 일으킨다. 이와 반면에 알루미늄의 바닥상태인, 즉 반감기가 72만 년인 알루미늄-26은 마그네슘의 들뜬상태로 붕괴된다. 이 과정에서 마그네슘이 바닥상태로 안정화되면서 이에 해당되는 감마선을 내놓는다. 우주에서 관측되는 감

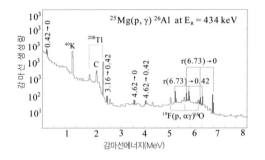

알렌데 운석

그림 6.10 마그네슘-25가 수소를 만나 알루미늄-26으로 핵합성할 때 발생하는 감마선들의 스펙트럼. 빨간색이 알루미늄-26에서 나오는 감마선들이다. 오른쪽 사진은 알렌데 운석이다. 특히 밑 사진은 알루미늄 함유량이 많은 것을 보여주고 있다. 중국에서는 이 반응 실험을 극도로 낮은 에너지—몇 십 keV—에서 실행하려고 지하에다 반데그라프 가속기를 설치하고 있다. 이 반응이 그만큼 중요하기 때문이다. 7장 세계 가속기 편을 보기 바란다.

마선은 바로 이 에너지에 해당된다. 알루미늄-26을 생성시키는 핵반응은 이제까지 숱하게 실행이 되었다. 이는 안정동위원소인 마그네슘-25 표적에다 양성자를 충돌시키면 가능하기 때문이다. 즉 안정동위원소를 표적으로 사용하여 실험은 어렵지 않게 할 수 있다. 한국에서도 이에 대한 실험이 이루어졌었는데 그림 6.10이 그 보기이다. 지은이가 직접 행하였던 실험으로 1985년도에 서울대학교에 설치되어 가동되었던 아주 작은 반데그라프 가속기를 사용하여 얻은 스펙트럼이다.

이와 반면에 알루미늄-26이 소비되는 반응, 즉 알루미늄-26이 양성자와 만나 실리콘-27로 원소 변환하는 실함은 극히 어렵다. 왜냐하면 알루미늄-26이 불안정동위원소이기 때문이다. 그런데 설령 이 실험이 가능하더라도 또 넘어야 할 산이 있다. 그것은 알루미늄-26의 아이소머가 양성자를 만나 핵융합 반응하는 길이다. 사실상 알루미늄-26의 준안정상태, 즉 아이소머 빔을 만들어야 하는데 상당히 어려운 과제에 속한다. 라온 가속기는 ISOL 이온원을 통하여 이러한 아이소머 빔을 만들어 이 과제에 도전하게 된다.

물론 앞에서 언급한 티타늄-44의 생성에 대한 수수께끼 역시 해당되는 핵반응을 불안정동위원소 빔—예를 들면 바나듐-45—을 만들어 풀어

176

나갈 것이다. 이러한 결과로부터 초신성 폭발, 특히 홑별에서의 중력 붕괴에 따른 초신성 폭발과 에너지 발산에 대한 중요한 정보를 얻게 될 것으로 기대된다. 실험은 KoBRA가 담당한다.

6.1.5 별의 일생과 탄소, 산소, 질소 합성의 비밀을 찾아서!

우리 몸을 이루는 탄소(C), 질소(N), 산소(O)는 주로 적색거성(붉은 큰별)이나 신성, 특히 초신성 폭발에 의해 합성된다. 흔히 CNO 순환(cycle)이라 부른다(그림 6.11, 6.12).

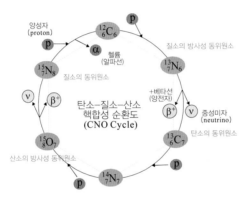

그림 6.11 탄소, 질소, 산소 핵합성 순환도. 주로 태양보다 10배 이상 큰 붉은 큰별에서 일어나는 핵합성 길이다. 원래 자리로 돌아가는 순환 과정에 속한다.

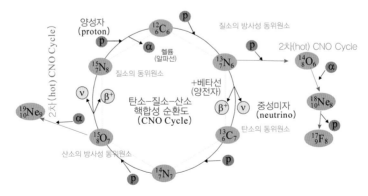

그림 6.12 탄소, 질소, 산소 핵합성 순환도에서 탈출되는 2차 CNO 순환. 상대적으로 온도가 높은 별에서 일어난다.

그러나 중성자별과 그 동반성으로 이루어진 짝별계에서 일어나는 핵합성 반응과 물질 교류는 제대로 알려진 것이 없다. 특히 방사성동위원소인 산소-14(^{14}O), 산소-15(^{15}O) 그리고 알루미늄 이성질체인 ^{26m}Al에 의한 네온 합성 길과 실리콘 합성의 정확한 반응 율은 아직도 오리무중이다. 그 이유는 이러한 방사성 동위원소에 의한 직접 포획 반응 실험이 무척 힘들기 때문이다. KoBRA에 의해 이러한 반응 측정이 성공한다면 세계적인 반향을 일으킬 것으로 기대된다.

실험은 KoBRA에서 실행된다. 필요한 방사성핵종 빔들인 산소-14(^{14}O), 산소-15(^{15}O), 알루미늄-26 이성질체(^{26m}Al) 등은 코브라의 빔 비행 동위원소 분리기에서 직접 생산하거나 ISOL에서 생성된다. 그리고 이들 빔을 수소 표적 혹은 헬륨 표적에 충돌시켜 핵합성을 일으킨다. 그림 5.5에 나오는 장치 중 속도분리기(Wien Filter)가 중요한 역할을 한다.

6.1.6 존재 가능한 희귀동위원소의 종류는 얼마나 될까?

우리가 보통 경험하는 물질은 고체, 액체, 기체 상들이다. 그러나 이러한 물질 상은 극히 예외적인 경우이다. 왜냐하면 우주 대부분을 이루는 물질은 별들이기 때문이다. 별들은 보통의 기체 상태가 아닌 플라즈마 상태이다. 플라즈마 상태는 중성의 원자 상태에서 전자가 떨어져 나가 원자핵과 전자가 분리되어 존재하는 아주 뜨거운 기체 상태이다. 태양인 경우 대부분 수소이온, 즉 수소 핵인 양성자와 전자가 분리되어 양성자-양성자 핵융합 반응에 의해 헬륨핵이 만들어지고 이로부터 태양에너지가 나온다. 그러나 태양보다 더 크면 온도는 더욱 증가하며 무거운 원소가 합성되는 고온-고밀도 상태를 유진한다. 그리고 초신성 폭발과 같은 격렬한 과정을 거치며 무거운 원소들을 우주 전체에 내뿜게 된다. 별들은 또한 주로 중성자로만 이루어진 상상할 수 없을 정도의 고밀도를 가지는 중성자별이나 아니면 수수께끼로 남아 있는 검은 구멍(블랙홀)이 되기도 한다. 그럼에도 중성자별의 구조는 물론 철 이상의 중성자 과잉핵종들의 원소합성은 여전히 오리무중으로 남아 있다. 그림 6.13을 참고 바란다.

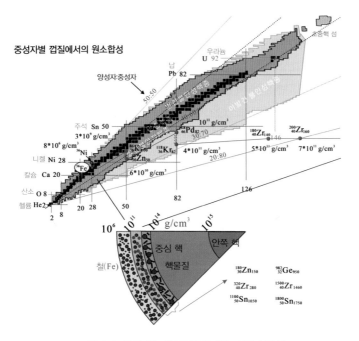

그림 6.13 중성자별 내부와 핵 주기율표와의 상관성.

최근 들어 두 개의 중성자별이 중력으로 이끌면서 합쳐질 때 다량의 중성자 과잉 원소들─흔히 중성자 빠른중성자 포획반응 과정이라고 알려져 있다─이 생산되는 것으로 밝혀졌다. 그러나, 현재까지 이러한 극한 상황의 매질 구조는 별로 알려진 것이 없다.

라온 가속기 활용 연구를 통하여 이러한 극단의 물질 상태를 재현시켜 물질 고유의 성질을 파헤치며 무거운 원소들의 합성을 재현한다.

특히 ISOL에서 생성된 중성자 과잉 희귀동위원소 빔을 빔 비행 동위원소 분리기(IFS)에 있는 표적에 충돌시켜 극도로 중성자가 많은 핵을 합성시켜 중성자 내부 물질 구조를 연구한다. 이러한 방법은 유례가 없는 것으로 라온 가속기만이 가지고 있는 능력이다. 이러한 물질 상태의 연구는 별들의 진화는 물론 지구에서 일어나는 다양한 상태들─지구 내부의 물질 상태, 글로벌 기후 변화 등─의 연구에도 영감을 가져다 줄 것으로 기대된다.

우선 이중 마법수 Z = 50, N = 82와 Z = 82, N = 126 이상의 중성자 과잉핵종들의 수명을 측정하여 중성자별과 중성자별의 충돌과정에서 생기는 원소합성 비밀을 캔다. 특히 중성자별 내부에서 일어나는 빠른중성자 포획 반응의 비밀을 캔다. 빔 비행 동위원소 분리기(IFS)에서 생산된 극도로 중성자가 많은 핵종들을 정지시켜 베타 붕괴를 관측한다. 즉 빔 정지 관측기(stopped beam station)를 만들고 그 주위에 베타선, 감마선, 중성자 등을 측정할 수 있는 검출 체계를 만들어 실험을 실시한다.

6.1.7 새로운 원소를 찾아서!
초중핵 원소(Super Heavy Element, SHE)의 합성을 통한 새로운 원소 발견

물질의 성질은 그림 6.14의 원소 주기율표에 보이는 원소들의 성질과 직결된다. 원자번호에 해당되는 원자들의 전자의 배치와 상관관계를 가진다. 그리고 이러한 전자들의 양자적 성질은 원자핵의 구조와 깊은 상관관계를 맺는다.

원소는 현재 공식적으로 118번까지 알려져 있으나 자연계의 속성상 더 높은 원자번호를 가지는 원소들이 존재할 것으로 예견되고 있다. 이러한 초중원소는 많은 수의 핵자들로 이루어져 보통의 원소와는 다른 매질 형태를 가질 것으로 보이며 따라서 초중핵의 원소 성질도 다를 것으로 예측된다. 라온은 아직 발견되지 않은 초중핵 원소 중 120번에서 126번 사이의 원소를 발견하는 데 기여를 할 것이다. 또한 초중핵 원소들이 가지는 특이 매질들이 함유하고 있을 매질의 구조와 그 성질을 파해쳐 물질에 대한 새로운 해석을 해나가게 된다.

참고로 113번이 일본 RIKEN의 중이온 가속기 시설에서 발견되어 일본 국명인 'Nihonium'으로 명명되었다. RAON은 이보다 더 무거운 새로운 원소를 발견하고 원소의 이름을 한국을 의미하는 코리움으로 하여 전 세계적으로 한국의 위상을 높이는 데 역할을 하게 된다. 즉 그림에서 보는 것처럼 원자번호 중 120번에서 126번까지의 원소를 찾는 실험

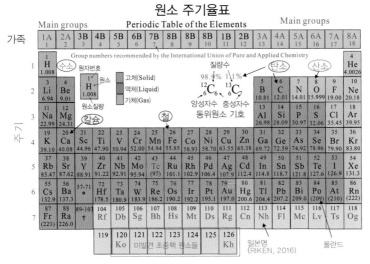

이다. 원소명은 Korium(Koreanium으로 보통 이야기를 하는데 너무 영어 단어에만 매달리며 국수적인 냄새가 난다. 영어 자체가 고려에서 왔고 고려는 사실 골(고을)을 뜻한다. 고구려는 큰고을(커골)이라는 뜻이다)으로 하고 약자로는 'Ko'로 한다. 두 번째 발견 초중핵 원소의 이름은 카니움으로 명명하는 것을 제안한다. 여기서 Khan은 큰, 제왕 등의 뜻이며 아시아를 중심으로 통용되는 말이다. 즉 **칸 혹은 한으로 한국의 한과 의미가 같다.** 표지 그림을 다시 보아주기 바란다.

그러나 현재 라온에서의 초중핵 실험장치는 없다!

그렇다면 어떻게 해야 할까? 그것은

SCL 1을 복귀시키는 것이다!

즉,

처음에 설치 예정이던 SCL1을 초중핵 원소 합성 전용 가속기로 구비하면 가능하다. 원래 계획대로 이온 발생기를 두 개 두고 초전도 선형 가속기와 초중핵 특별 되튐 분리를 위한 분리기를 설치하면 가능하게

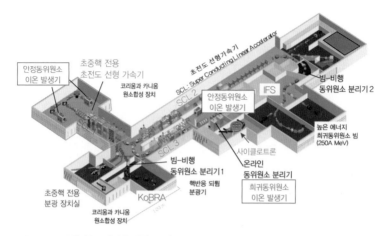

안정동위원소
이온 발생기

초중핵 전용
초전도 선형 가속기

코리움과 카니움
원소합성 장치

초전도 선형가속기
SCL: Super Conducting Linear Accelerator

SCL 2

안정동위원소
이온 발생기

IFS

빔-비행
동위원소 분리기 2

높은 에너지
희귀동위원소 빔
(250A MeV)

SCL 3

빔-비행
동위원소 분리기1

핵반응 되튐
분광기

사이클로트론

온라인
동위원소 분리기

희귀동위원소
이온 발생기

초중핵 전용
분광 장치실

KoBRA

코리움과 카니움
원소합성 장치

그림 6.15 초중핵 원소 발견을 위한 초전도 선형 가속기 시설. 원래 계획했던 SCL1을 부활시킨 모습이다.

된다. 그림 6.15를 보기 바란다.

6.1.8 핵은 어떻게 생겼을까?

마법수와 공꼴

그림 6.16은 원자핵 주기율표인 핵 도표이며 양성자와 중성자의 번호에 따른 핵종들의 규칙성을 표시하고 있다. 기존에 알려진 마법수 핵들이 있는 반면 새롭게 정의되는 마법수 핵들이 보일 것이다.

그것은 새로운 둥근 공꼴(spherical shape; 구형(球形)) 마법수 핵들과 새롭게 정의된 찌그러진 형태(deformed shape; 변형) 마법수 핵들이 그것이다. 이러한 분류는 **지은이에 의한 착상**임을 밝혀둔다. 라온 시설을 이용하여 이러한 마법수 핵들을 증명하고 원자핵들에 대한 새로운 해석을 기하는 것이 목표이다. 정리하면 다음과 같다.

핵의 규칙성(마법수, 껍질모형 등) 규명은 감마선 에너지, 핵 모양의 변화, 방사성 붕괴의 다양성 등을 조사하면 얻을 수 있다. 관측 사실로부터 핵매질의 이중적 구조와 이에 따른 새로운 주기율표를 작성한다. 에너지 상태에 있어 바닥상태가 아닌 두 번째 바닥상태 등을 체계적으로

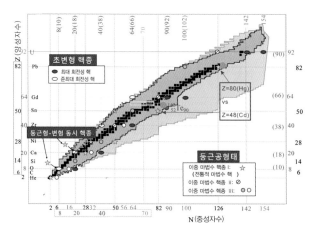

그림 6.16 핵 주기율표와 핵들의 모양. 양성자수와 중성자수들에 대한 번호 배열은 핵의 껍질 모형에 따른 핵력의 다른 점을 나타낸다.

측정하여 마법수에 대한 새로운 해석을 얻어낸다.

6.1.9 핵의 다양한 모습: 진동과 회전

그림 6.17은 양성자와 중성자수에 따른 다양한 핵종들의 모양 변화— 공꼴, 타원꼴 등—를 보여준다.

그런데 핵들에서 나오는 에너지 상태를 분석해보니 핵자들 개개의 에너지 상태에서 벗어난 것들이 발견되었다. 이러한 에너지 상태들은 하나의 개별 입자에 의한 것이 아니라 핵자들, 즉 양성자나 중성자들이 결합하여 나오는 집단적인 운동에 의한 것임이 밝혀졌다. 이러한 집단 운동에 있어 대표적인 것이 진동 운동과 회전 운동이다. 진동 운동은 지구의 표면인 바다가 달의 중력인 인력 영향으로 받아 바닷물이 부풀었다 줄었다 하는 것과 비슷하다. 그 다음이 회전 운동이다. 회전 운동인 경우 완전한 공꼴에서는 양자역학적으로 나오지 않는다. 이는 곧 핵이 변형되어 있다는 의미이다. 오늘날 알려진 바로는 공꼴 형태보다 거의 모든 핵들은 변형되어 있음이 밝혀졌다. 이러한 변형의 모양은 에너지 스펙트럼을 조사하면 알 수 있는데 그림 6.18은 핵들의 다양한 모습을 보여주는 그림이다.

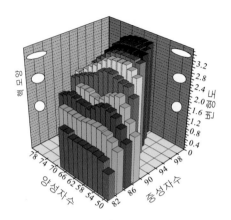

그림 6.17 핵들의 다양한 모습. 양성자수와 중성자수에 따라 핵들은 그 모양을 달리한다. 50번 과 82번은 마법수에 해당되며 따라서 가장 안정된 공꼴을 갖는다. 앞 그림에서 나온 마법수 핵 종 중 주석–132에 해당된다.

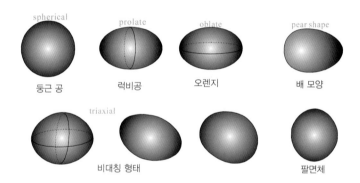

그림 6.18 핵들의 다양한 모습. 가장 안정된 모양이 대칭성이 가장 큰 공꼴이다. 마법수 핵들 이 대부분 이 모양을 한다. 양성자수와 중성자수의 비율이 어긋날수록 변형이 증가하며 비대 칭성이 증가한다. 대칭축이 더 늘어난 형태를 긴 타원을 prolate라 하고 더 납작한 타원 모양을 oblate라고 하는데 한글로는 적당한 용어가 없다. 특히 배 모양이라고 하는 형태는 사실 달걀 모양이라고 하는 편이 더 나을 것 같다.

위와 같은 형태의 모양에서 우리는 핵매질의 흐름과 핵자들 간의 상호 작용을 그려낼 수 있으며 이를 바탕으로 핵융합과 핵분열을 효과적으로 제 어할 수 있는 정보도 얻을 수 있다. 아울러 별들의 핵에너지 발생과 별들의

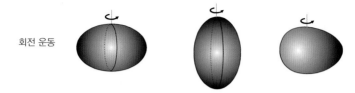

회전 운동

그림 6.19 핵의 회전 모습. 대칭축이 더 늘어난 형태와 납작한 형태의 회전 에너지는 서로 다르게 나타난다.

구조는 물론 중성자별의 내부 구조를 이해하는 데 길라잡이 역할을 한다.

이렇게 핵이 공꼴에서 벗어나 변형되면 회전 운동 양상이 나타난다. 사실 핵들의 변형은 이러한 회전 운동에 따른 감마선들을 관측했을 때 알 수 있다. 에너지는 물론 시간에 대한 정보를 감마선 검출기에 의해 측정이 되고 그러한 데이터로부터 핵들의 회전 크기와 변형도를 이끌어 낸다. 그림 6.19가 변형 핵들의 다양한 회전 모양이다.

재미있는 것은 핵들의 집단적 성질에 따른 변형은 사실상 천체들에서 발견된다는 점이다. 지구는 자체 회전한다. 이로 인해 원심력에 의해 적도부분이 더 부풀어 오른 모양을 지니게 되었다. 따라서 완전한 공꼴 형태가 아니다. 토성인 경우는 더욱 심하다. 이러한 모양은 과일에 있어 오렌지에서 발견되어 가끔 오렌지 형태라고도 부른다. 영어로는 oblate 라고 한다. 그런데 이론적 계산에 따르면 이러한 형태에서 벗어나 럭비 공 모양으로 변형되어 회전 운동을 할 수 있다는 사실도 밝혔다. 아울러 배 모양, 즉 어느 한쪽이 더 큰 원 모양으로 된 형태도 출현할 수 있다고 프랑스 수학자인 쁘엥까레에 의해 증명이 되기도 하였다(그림 6.20). 아주 작은 세계인 원자핵의 집단 운동과 중력이 지배하는 천체들의 운동과의 유사성이 자못 흥미롭다. 그 만큼 원자핵은 핵자들─양성자와 중성자─의 개별적 운동과 더불어 집단적 행동의 상호 관계가 중요하다는 사실을 알 수 있다. 더욱이 배 모양은 핵의 분열과 직접 관련되는 형태이다. 사실상 배 모양을 분리하게 되면 두 개의 원자핵으로 나오게 된다. 물론 하나는 질량수가 크고 다른 하나는 작다. 이러한 형태가 천체 매질에서도 나타날 수 있다는 것은 행성들의 형성과정에서 중요한 요인이

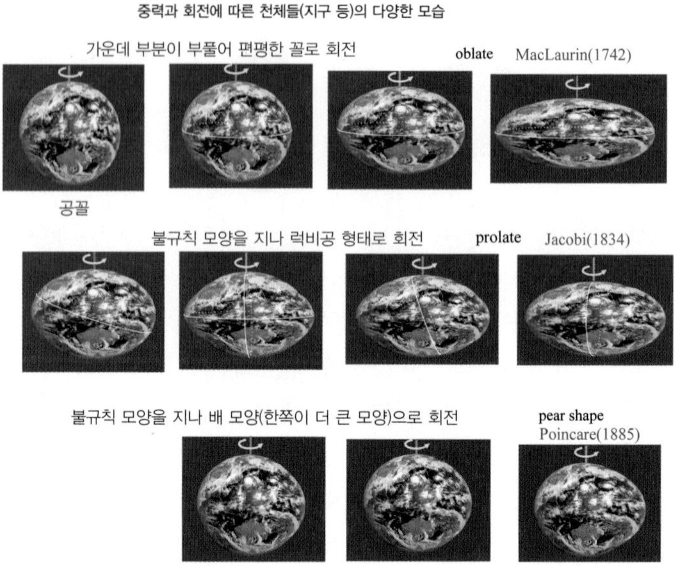

중력과 회전에 따른 천체들(지구 등)의 다양한 모습

가운데 부분이 부풀어 편평한 꼴로 회전   oblate   MacLaurin(1742)

공꼴

불규칙 모양을 지나 럭비공 형태로 회전   prolate   Jacobi(1834)

불규칙 모양을 지나 배 모양(한쪽이 더 큰 모양)으로 회전   pear shape
                                                                 Poincare(1885)

그림 6.20 지구와 같은 천체가 일으킬 수 있는 여러 가지 회전 모습. 가장 흔한 것이 회전축이 조금 더 납작해진(앞에서 나온 오렌지 꼴) 형태의 회전이다. 물론 지구도 이에 속한다. 그러나 회전 빠르기와 천체의 매질 상태에 따라 중력이 다르게 작용하면서 그림과 같이 다양한 모습으로 변할 수 있다. 수학적 계산 결과이며 해당되는 학자와 발표된 연도를 표시하였다.

될 수 있다.

6.1.10 핵 매질의 집단적 성질

이 영역은 핵 매질 전체가 집단적으로 어떻게 움직이는가 하는 주제에 속한다. 특히 핵의 집단성인 거대 진동 현상을 조사하여 핵 매질의 흐름을 볼 것이다. 이를 위해,

거대 2극자 공명 반응, 거대 4극자 공명 반응, 거대 단극자 공명

등을 살피게 된다. 일반 독자들은 이해하기 어려운 학술적 용어들이다. 그럼에도 불구하고 이 용어들을 내세우는 것은 이 분야에 관심을 가질 독자들을 위한 것이다. 왜냐하면 나중 이 분야에서 일을 할 때 반드시 알아야 할 현상들이기 때문이다. 여기서 거대(Giant)는 핵 매질 전체가

움직여 핵 표면만 진동하는 현상과 구별하기 위해서이다. 2극자, 4극자, 공명 등의 이름들은 앞에서 이온 발생기 혹은 가속기 장치 등을 설명할 때 나왔던 터라 낯설지는 않으리라 생각한다. 물론 Giant는 붉은 큰별(적색 거성; Red Giant)을 다룰 때 나온 단어이다. Giant가 사람을 가리킬 때 거인(巨人)이라고 부른다.

이를 위한 반응은 희귀동위원소 빔을 헬륨 표적, 혹은 수소 표적에 충돌시켜 만든다. 이때 발생하는 고에너지 감마선과 함께 알파 혹은 양성자를 측정한다. 이와 같은 현상들은 양성자와 중성자들이 서로 집단적으로 운동할 때 나타난다. 서로 독립적으로 움직이며 부딪치기도 하고 서로 엉클어져 같이 움직이기도 한다. 때에 따라서는 가운데가 빈 공간을 만들며 마치 도넛처럼 되기도 한다.

특히 단극자 공명 현상은 부풀어 올랐다가 꺼지는 숨을 쉬는 형태로 핵 매질이 얼마나 단단하게 이루어져 있나 가늠하는 중요한 단서를 제공한다. 이러한 정보를 바탕으로 극도로 매질이 높은 별들의 내부와 특히 중성자 내부 매질의 성질을 알아낸다. 그림 6.21이 핵 매질이 일으키는 다양한 집단적 진동 운동과 회오리 운동 등을 묘사하는 그림이다. 무척 복잡하다고 생각할 것이다.

여기에서 중요한 것이 전기와 자기라는 표현이다. 전기라 함은 앞에서 나온 양전하와 음전하 사이에서 나오는 전기적인 힘, 즉 전기장이며 자기라 함은 양성자와 중성자가 교차하면서 일어나는 자기적인 힘을 의미한다. 즉 전류가 원형으로 흐르면 자석이 되는 현상과 비슷하다. 그런데 매질이 어느 한 곳에 비어 있으면서 회전을 하는 경우도 있다. 물이 구멍 속으로 빠져드는 현상을 생각하자. 사실 지구의 속만 하더라도 우리가 상상하지 못하는 매질의 다양한 흐름과 운동이 존재할 것으로 추측되고 있다. 물론 태양 속도 마찬가지이다. 하물며 중성자별 속이야 말할 필요도 없다. 그러한 극단적인 상태의 매질 상황을 알아내는 일 중에서 이러한 핵 매질의 성질을 연구하는 것만큼 중요한 것이 없다.

물론 라온 가속기를 이용하여 이러한 상태의 매질 연구는 물론 두 개의 중이온 핵을 충돌시켜 나오는 각종 입자들을 측정하여 더 밀도가 높

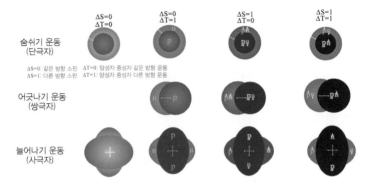

그림 6.21 핵의 거대 집단 운동 모습. 양성자와 중성자들의 집단적인 흐름이 다양하게 출현한다. 서로 독립적으로 움직일 수도 있고 섞여 움직이기도 한다. 회오리바람처럼 서로 교차하기도 한다. 이러한 상태들을 면밀히 조사함으로써 핵의 매질의 성질을 파악하고 이로부터 별들 내부의 상태를 알아낸다.

은 상태를 연구하기도 한다.

6.2 희귀동위원소 중이온 활용 연구 2

재료과학, 생명과학, 의학

라온 가속기는 희귀동위원소를 생산하며 치명적인 질병들―암, 치매, 단백질 관련 뇌 질환 병―에 대한 원인 규명과 치료에도 상당한 역할을 담당하게 된다. 아울러 재료과학 전반에 걸쳐 물성 연구에 대단한 힘을 발휘하기도 한다. 그림 6.22는 라온 가속기가 얼마나 큰 역할을 하는지 보여주는 응용성 연구 분야들이다. 사실 암 치료보다는 암세포를 영원히 사멸시키거나 아주 초기에 발견하여 제거하는 보다 근본적인 연구가 더 중요하다. 암의 종양 세포, 뇌질환―대표적으로 치매라고 부르는 알츠하이머 성 뇌질환―등의 극복은 중이온 빔 특히 방사성핵종 빔을 사용한 유전자 연구에 있다고 해도 과언이 아니다.

유용한 유전자원 개발에도 중이온 빔이 활용된다. 중이온 빔을 미생물이나 식물체 등에 쏘여 돌연변이를 유발시키면 유전적 다양성을 유지하는 데 도움을 줄 수 있기 때문이다. 이때 환경 친화적 유전자원을 개

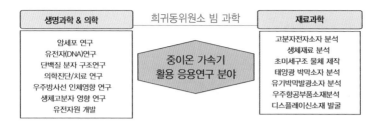

그림 6.22 희귀동위원소 가속기 라온의 활용연구 보기. 순수 연구 분야인 핵과학은 이미 앞에서 다루었다.

발하게 되면 최근 이산화탄소 증가에 따른 환경악화와 지구 온난화에 따른 생물학종 파괴를 미연에 방지할 수 있다. 아울러 바이오 에탄올, 생분해성 플라스틱 재료 등의 개발에도 유용한 유전자원 획득에도 공헌을 할 수 있다. 정리를 하자면

- 중이온 빔 조사에 따른 생리학적 효과와 산소 상관성 및 독립성 관계 연구
- 중이온 빔에 의한 세포 변화, 파괴, 재생 등의 연구
- 중이온 빔에 의한 유전자 손상과 돌연변이와 재생에 대한 연구
- 환경학적 변화에 내성이 강한 생물종 개발

등이다.

거듭 강조하지만 라온 가속기는 암 치료를 직접 담당하는 치료기가 아니라 위와 같은 연구에 활용되는 중이온 빔을 생산하는 가속기이다. 가속기에 의한 중이온 빔에 의한 의학 연구와 빔이 아닌 방사성핵종의 의학에서의 역할은 다르다.

그림 6.23을 보자. 그림은 방사성핵종을 하나의 탐침으로 사용되는 보기들인데 여기서 방사성핵종은 가속기로 직접 빔을 만들어 인체에 쏘아 주는 것이 아니라 방사성 동위원소 자체를 몸속에 투여하여 조사하는 방법이다. 이러한 핵종들을 특별히 추적자(tracer)라고 부르기도 한다. 이미 병원에서 암의 초기 진단이나 영상을 얻는 데 사용되고 있다. 특히 **양전자를 방출하는 방사성핵종은 양전자와 전자의 쌍 소멸에 따른 감마선을**

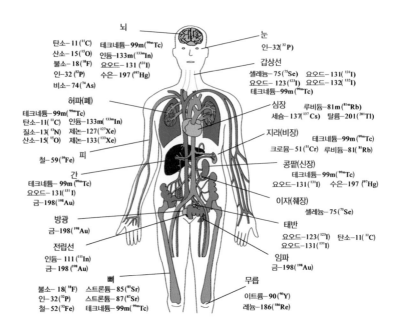

그림 6.23 방사성핵종이 추적자로 사용되는 모습. 보통 딸핵에서 나오는 감마선이나 양전자–전자 쌍 소멸에 따른 감마선 방출에 의해 특정 부위의 치료 혹은 영상을 얻는다. **이와 같은 방사성동위원소 정보는 핵 주기율표인 핵 도표에 모두 나온다.** 부록에서 다시 설명한다.

발생시켜 악성 종양 제거 및 영상 얻기에 다중적으로 사용된다.

6.2.1 중이온 빔과 재료과학: 꿈의 소재 개발

우선 다음 질문을 듣고 생각해보자.

"과학자들 중 재료과학에 종사하는 비율이 높고 연구 결과가 눈길을 끌 때가 많다. 그 이유는 무엇일까?"

답하기 전에 우리들이 가지는 다니는 휴대전화를 한번 쳐다보자. 그리고 이번에는 다음과 같은 질문에 답해보자.

"휴대전화에서 가장 중요한 것은 무엇일까?"

아마도 문자 교환, 음성 교환(기존의 전화기 역할) 혹은 사진기 역할 등이라고 답하는 사람들이 많을 것이다. 생각해보자. 전화기가 왜 동작을 하는지를. 전기 에너지, 즉 배터리가 있기 때문이다. 아무리 기가 막힌 역할을 하는 휴대전화라 할지라도 에너지가 없으면 무용지물이다. 자동차가 늘상 그냥 움직이니까 에너지에 해당하는 석유 혹은 전기 배터리에 대한 존재를 잊어버리는 경우가 많다. 현대사회에서 가장 중시되는 산업은 에너지 분야이다. 특히 현대에는 휴대하거나 휴대하는 기기에 들어가는 전기 저장기기, 즉 배터리가 아주 중요한 국가 전략 산업에 속한다. 이때 결정적인 것이 에너지를 효율적으로 생산하거나 저장하는 물질을 찾아내는 것이다. 즉 전기를 적게 소비하는 재료를 가지고 배터리를 만들면 그만큼 경쟁력에서 우위를 점할 수 있다.

또 다른 중요한 요소가 메모리 저장 능력이다. 다시 휴대전화를 생각하자. 영화 같은 동영상이나 사진 등을 저장하려면 큰 저장소가 있어야 한다. 그것도 아주 좁은 공간에 많은 정보를 저장할 수 있어야 요즘 같은 인터넷 시대에 저장메모리로서의 경쟁력을 확보할 수 있다.

이러한 산업계에서 중요한 역할을 하는 과학 분야가 재료과학이다. 조금 더 좁게 들어가면 응집물리학이며 좀 더 구체적으로 이야기한다면 초전도체 혹은 반도체 물리학이라 할 수 있다. 이 분야는 특정의 재료에 있어 전자들의 동향을 파악하여 전자들이 전기를 만들어 내는데(즉 전류이다) 얼마나 일사분란하게 움직이는 구조를 만드는가, 혹은 전자들이 일사분란하게 왔다 갔다 하면서(즉 진동하면서) '이것' 아니면 '저것' 상태로 만드는가에 대한 연구가 그 대상들이다. 여기서 '이것'과 '저것'은 전문적으로 말한다면 on-off, 숫자로 말한다면 0과 1의 상태이며 이를 디지털화하여 정보 저장기를 만든다.

이와 같은 역할에 있어 주목받는 재료가 **위상학적 절연체**라는 물질이다. 정사각형의 구조를 생각했을 때 그 속은 전기를 통하지 않는데 그 표면에는 전기가 아주 잘 흐르는 조건을 구비하고 있다. 그것도 초전도체처럼 한번 전기가 흐르면 방해를 받지 않고 흐르는 상태를 지닐 수 있다. 두말할 필요 없이 소비 전력이 획기적으로 줄어들 수 있는 재료이다. 또한 전자들이 집단적으로 흐르면서 특이한 성질-전문적으로는 플라즈몬이라고 부른다-을 나타내는 재료들이 있는데 그 중에서 진동 운동을 빠르게 반복적으로 하는 재료가 있다. 이러한 재료를 가지고 메모리 소자를 만들면 그야말로 나노 크기에서도 대용량의 메모리칩을 만들 수 있다.

여기서 다루는 중이온 빔이 이러한 신재료의 개발과 구조 그리고 특성을 연구하는 데 최적합 탐침 역할을 할 수 있다 점이다. 물론 탐침 역할을 하는 것은 다른 빔들도 있다. 대표적인 것이 엑스선이며 중성자 빔 역시 이러한 연구에 사용된다. 그리고 뮤온 빔도 최근 각광받는 탐침 빔에 속한다. 여기에서는 뮤온 빔과 중성자 빔에 의한 것은 생략한다. 하지만 연구 방향은 같다. 중성자 빔과 뮤온 빔에 대한 것은 나중 독립적으로 다루기로 한다.

그림 6.24는 중이온 빔과 희귀동위원소, 즉 방사성핵종을 가지고 활용되는 연구 방법과 그 수단 방법을 체계화한 흐름도이다. 여기서 방사성핵종은 가속기로 직접 빔을 만들어 재료 또는 인체에 쏘아주는 것이 아니라 방사성 동위원소 자체를 재료나 몸속에 투여하여 조사하는 방법이다. 앞에서 나왔지만 추적자 역할을 하는 것이다.

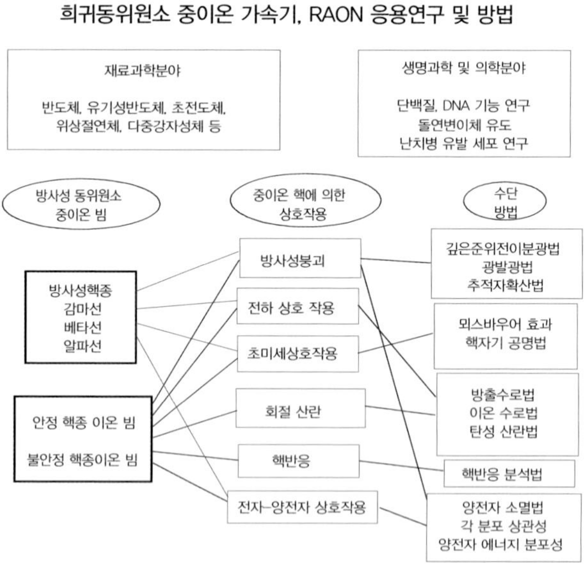

그림 6.24 중이온 빔 과학 응용 연구 영역.

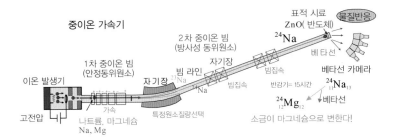

그림 6.25 중이온 가속기에 의한 물질 분석. 2차 중이온 방사성핵종 빔을 반도체 재료인 산화 아연에 쏘이고 베타선을 측정하는 실험이다.

하지만 이제는 중이온 빔 그것도 방사성핵종 빔을 반도체 등의 재료에 쏘아 붙여 차세대 에너지 저장 장치, 메모리 저장장치, 차세대 디스플레이장치 등에 쓰일 수 있는 신물질 개발이 더욱 각광을 받고 있다. 방사성을 내는 중이온 빔을 재료에 투입시키면 베타선, 감마선은 물론 알파선 등의 각종 방사선이 나오고 이러한 방사선들을 측정하면 물질 내부의 구조가 영상처럼 찍혀 나오는 원리를 이용하는 것이다.

그림 6.25는 반도체 재료인 산화아연(ZnO)에 방사성동위원소인 나트륨-24(반감기 15시간)를 쏘여 여기에서 나오는 베타선을 측정하는 실험이다. 다양한 방향으로 측정을 하면, 즉 다른 방향에서 사진을 찍어 입체적인 영상을 얻고 이로부터 내부 구조는 물론 반도체에서 일어나는 전자들의 동향을 파악할 수 있다. 그러면 이 재료가 에너지 저장, 메모리 저장 등을 위해 다른 재료들과 함께 어떻게 조합을 하면 가장 효율이 좋은 소자를 만들 수 있는 것인지 아니면 소형화할 수 있는지를 알 수 있게 된다. 물론 이러한 소자들의 소형화는 나중 신체 내부를 조사하는 마이크로미터급 로봇을 제작하는 데도 사용하게 된다.

사실 중이온 빔을 사용하면 다양한 재료들, 심지어 유기성 재료는 물론 살아있는 세포 속까지 분석을 할 수 있다. 우리나라는 아직 빛에 의한 빔, 즉 엑스선이나 레이저를 이용한 물질 분석이 주를 이루고 있다. 그러나 그러한 엑스선 분석법을 보충해주거나 더욱 뛰어난 분석을 할 수 있는 것이 중이온 빔이다. 특이한 재료들의 구조와 이와 같은 측정에 따른 전자들의 분포 그림들의 보기는 생략한다. 어렵기도 하지만 특수한 그림들이 되어 대부분 전문 논문에 나오기 때문이다. 이해 바란다.

6.2.2 방사성핵종 빔과 생명과학

질문 "가장 무서운 병은 무엇?"

사람과 처해진 환경에 다르겠지만 아마도 '암'이라고 답하는 사람들이 많을 것이다.

왜냐하면 걸리면 고치기 힘들고 죽음으로 이어진다는 사실을 알고 있기 때문이다.

'암'이라는 질병은 고대에도 존재했으며 사실상 살아있는 모든 동물에게 나타나는 것으로 알려져 있다. 다만 현대에 와서 암환자가 증가한 것은 수명이 연장된 것이 가장 큰 이유이다. 나이가 들수록 기계가 낡아 고장이 잦아지듯이 몸의 세포들의 기능이 저하되면서 고장이 나면 복구가 잘 안되기 때문이다. 이러한 공포의 병이 극복되는 것은 병원이 존재하고 의사가 있고 첨단 의료기기들이 갖추어져 있어서이다. 그렇다면 의료용 진단기, 의료용 치료기로부터 원자력발전까지 모두 과학자들에 의해 탄생된 것인지를 알고 있는 사람들은 얼마나 될까?

병원에 가면 엑스선 촬영, 엑스선 컴퓨터 단층 촬영(CT), 자기 공명 영상(MRI), 양전자 방출 단층 촬영(PET), 뼈 촬영(조영제 사용) 등에 대한 것을 보거나 직접 경험한 사람들이 많을 것이다. 그럼에도 불구하고 그 장치들이 사실은 병의 진단이나 치료를 위해 만들어진 것이 아니라 사실상 원자핵 연구를 위해 물리학자들이 발명하였다는 사실은 모르는 경우가 많다.

더욱이 암 치료용에 쓰이는 엑스선 치료기, 양성자 치료기, 중입자 치료기 등도 모두 핵물리학자들이 연구를 위하여 만든 입자 가속기들이다. 특히 방사성동위원소는 암 등의 치료는 물론 단백질, 유전자 등의 이상 형질 변경에 대한 연구에 필수적이며 뇌의 연구는 물론 신물질 개발 연구에도 큰 역할을 담당한다. 순수과학이 얼마나 사회의 건강과 에너지 개발에 기여하는지를 보여준다.

암의 치료, 즉 암세포를 제거하는 방법 중 이제까지 가장 흔하게 사용되어 온 것이 엑스선을 암 부위에 쏘는 조사(照査) 방법이다. 여기서 '조사'는 빔을 쏘아 조사한다는 뜻이다. 엑스선의 높은 에너지를 암세포 파괴에 이용하는 것으로 암세포 덩어리에 엑스선을 쏘아 암세포들의 결합을 끊어 종양을 파괴시키는 원리이다. 엑스선이 발견되고 나서 얼마 후 사용되어 암과의 전쟁에서 혁혁한 전과를 올린 주인공이다. 그런데 이 엑스선은 정확하게 암세포에만 작용하는 것이 아니라 다른 부위의 정상세포마저 파괴하는 경우가 많다. 그 이유는 엑스선이 정확하게 암세포 부위에 멈추면서 에너지를 잃어버리는 것이 아니라 들어가는 과정에서 암세포의 앞에 있는 세포 혹은 암세포의 뒤에 있는 세포에서도 그 에너지를 잃어버리면서 정상세포들을 파괴시켜 버리기 때문이다. 이것은 엑스선이 갖고 있는 물질과의 반응 성질로 피할 수 없는 현상이다.

이러한 엑스선의 단점을 보완해주는 방사선이 전하를 띤 에너지 입자이다. 대표적인 것이 양성자이다. 빛에 해당되는 엑스선과는 달리 전하 입자는 물질과의 반응 성질에 있어 암 부위를 보다 정확하게 겨냥시킬 수 있는 특성을 가지고 있다. 따라서 양성자를 가속시킬 수 있는 가속기를 가지고 양성자를 방출시켜 암세포를 파괴시키면 보다 안전하게 치료를 할 수 있다.

그림 6.26은 물질 내에 투여된 엑스선, 감마선, 중성자, 양성자, 탄소 빔 등의 상대적 흡수선량이다. 여기서 보면 엑스선과 감마선은 물론 중성자는 넓은 영역에 걸쳐 분포하는 반면 탄소 빔인 경우 어느 한곳에서 집중적으로 분포함을 알 수 있다. 이때 이러한 방사성 효과를 **상대적 생물학적 효과(Relative Biological Effectiveness; RBE)**라고 한다. 입자나 빛이 물질 내에 분포하는 전자들과의 상호작용에 따른 에너지 손실 결과이다. 만약 이 위치에 암세포 덩어리가 있으면 이러한 집중적인 선량에 의해 암세포가 쉽게 파괴될 수 있다. 이와 반면에 다른 부위는 그다지 손상시키지 않는다. 이것이 탄소 빔을 사용하면 암 치료에 **'효과적이다'**라는 결론이 나오는 이유이다. 이러한 방사성에 대한 것은 부록에서 더

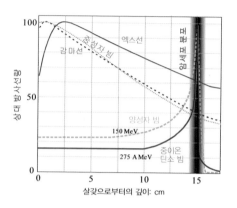

그림 6.26 여러 가지 방사선들에 의한 상대적 방사선량. 여기서 방사선량(dose)이란 해당 방사선이 위치에 따라 에너지를 잃으면서 축적되는 양이다. 빛의 일종인 엑스선과 이온 빔인 탄소와 양성자의 차이가 뚜렷함을 알 수 있다. 탄소 빔이 암 부위에 정확하게 많은 양으로 폭격하고 있음을 알 수 있다. 중성자 역시 넓은 범위에 걸쳐 세포를 파괴할 수 있음을 알 수 있다. 전하가 없기 때문이다. 중성자는 원자력(핵) 발전을 하는 과정에서 많이 발생한다.

알아보기로 한다.

그런데 이러한 계산은 어떻게 가능한 것일까? 이온 빔이 물질 내에서 에너지를 잃으며 정지하는 현상을 전문 용어로는 저지능(stopping power)이라고 부른다. 핵반응을 측정하기 위해서는 이온 빔이 필요하고 그 이온 빔을 특정의 표적, 예를 들면 실리콘 등에 충돌시켜야 한다. 이때 가장 중요한 것이 이온 빔이 표적 물질 내에서 에너지가 손실되며 안에서 멈추는가 아니면 표적 두께를 넘어가는가를 알아내는 것이다. 이를 위해 이온 빔과 물질 내부의 상호작용에 따른 에너지 손실을 계산하게 되는데 거의 모든 재료에 대한 계산 결과가 나와 있다. 핵물리학자들이 거둔 성과로 이제는 의료 기관에서 응용되는 셈이다.

이제 이것에 대하여 좀 더 자세히 알아보자. 원리를 알아야 창조적인 과학과 기술이 탄생하기 때문이다.

그림 6.27은 중이온 빔들에 대한 물에서의 침투거리를 나타낸다. 이러한 결과는 핵물리학에서 사용되는 저지능 계산에 의한 것으로 인체와 밀접한 물을 대상으로 하였다. 비교를 위해 양성자(수소 이온)도 포함

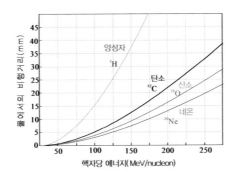

그림 6.27 중이온 빔에 대한 물에서의 비행거리. 물의 밀도와 산소 및 수소 분자에 대한 것을 고려하여 각각의 이온 빔 에너지에 대한 저지능 계산으로부터 나온 결과이다. 비교를 위해 양성자의 결과도 포함시켰다.

시켰다. 이 결과를 보면 암 치료를 위해 몸속으로 15 cm 정도에 암세포가 분포되어 있다면 탄소 빔인 경우 핵자당 약 170 MeV, 산소 빔인 경우 180 MeV, 네온 빔인 경우 250 MeV의 에너지가 필요하다는 사실을 알 수 있다. 여기서 탄소의 핵자당 170 MeV이라는 사실은 탄소-12(^{12}C)의 질량수 12로 나눈 것이기 때문에 결국 총 에너지는 12 × 170 MeV = 2040 MeV이다. 그림에서 보면 양성자의 경우 15 cm까지 침투하는 데 약 150 MeV 에너지가 요구된다. 이러한 사실에서 보면 이온 원자들의 질량수가 클수록 같은 깊이까지 비행하는 데 상대적으로 더 큰 에너지가 필요하다는 사실을 알 수 있다. 그림 6.28을 보면 이해가 더 가리라 본다.

여기서 중요한 결론이 나온다. 암세포를 박멸하는 데 있어 한 가지 종류의 빔이 아니라 몇 개의 중이온 빔을 한꺼번에 쏘여 치료하는 것이 더 효과적일 수도 있다는 사실이다. 그렇다면 위와 같은 중이온 빔들의 인체 내에서의 에너지에 따른 궤적을 상세히 계산하여 치료에 응용될 수 있다는 결론에 다다르게 된다. 이 역시 순수과학이 얼마나 사회적 요구에 크게 기여하는지 보여주는 사례이다. 지은이가 욕심을 부려 조금 더 이 분야에 있어 알아야 할 과학 지식을 덧붙이고자 한다.

앞에서 언급한 내용들은 물질 내에서 에너지를 가진 이온들에 대하여

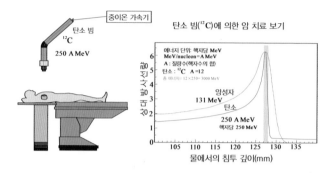

그림 6.28 탄소 빔에 대한 물에서의 비행거리 계산. 핵물리학에서 사용되는 물리 법칙에 따른 계산 방법에 의해 얻어진 데이터이다. 암 부위가 신체 내 약 125~130 cm에 위치한 경우를 상정한 것이다.

얼마나 비행할 수 있느냐 하는 것과 함께 에너지 손실(잃음)에 대한 것이다. 이러한 양들은 원자번호는 물론 질량수에 따라 모두 다른 값을 가진다. 더욱이 특정의 재료, 예를 들면 금, 실리콘, 탄소 등에 있어서 각각의 이온 빔들에 대한 계산은 실험적인 데이터가 모두 갖추어져 있다. 그러나 복잡한 물질, 대표적으로 인체에 대한 것은 그러하지 못하다. 다만 물을 가지고 실험을 하거나 컴퓨터 계산을 하여 실제적인 경우와 비교를 하면서 계산식을 계속 수정 보완해 나가는 것이 현실이다. 이때 중요한 요소가 이온의 에너지에 따른 에너지 손실률이다. 이러한 손실률은 밀도와 밀접한 관계를 가지며 아울러 입사하는 이온 빔들의 에너지에 따라 다른 값을 지닌다. 그림 6.29를 보자.

탄소가 물에 침투를 할 때 핵자당 0.5 MeV일 때 가장 빠르게 에너지가 손실된다는 사실이 드러난다. 여기서 손실된다는 것은 손실된 만큼 물질 내의 전자에게 전달된다는 의미이다. 그리고 그 거리는 약 0.5마이크로미터(10^{-6} m)이다. 10 cm 정도 비행하려면 에너지는 대략 핵자당 200 MeV임을 알 수 있고 에너지 손실률은 마이크로미터당 10 keV 정도임을 알 수 있다. 이러한 자료(데이터)를 바탕으로 하여 앞에서 나온 그래프들이 만들어진 것이다. 몇 번이고 강조하지만 이러한 계산은 이미 물리학자들이 모두 만들어 놓았고 이를 기반으로 수식화하는 컴퓨터 프로그램을 통하여 손쉽게 계산이 가능하게 되었다. 과학은 어렵고 힘

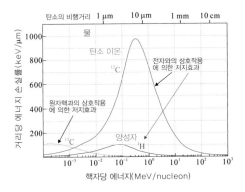

그림 6.29 물에 있어서의 탄소의 에너지 손실률. 대부분의 에너지 손실은 물질 내의 전자와의 상호작용에 의해 일어난다. 하지만 원자핵과의 상호 반응에 의한 에너지 손실도 일어난다. 거리당 에너지 손실률(정확한 표현은 −dE/dx임)을 선형 에너지 전달(Linear Energy Transfer; LET)이라고도 부른다.

그림 6.30 이자(췌장)에 발생한 암세포를 중이온 탄소 빔이 파괴하는 모습. 탄소 빔의 에너지에 의해 종양 세포의 유전자의 고리가 끊어지면 뭉쳐있던 종양세포질들이 끊어져 나간다. 이때 생체에서 자동적으로 작동하는 수선 세포가 다가와 종양세포를 공격한다. 그러면 면역성이 증가하면서 정상적인 세포가 자라나 회복된다.

든 과정이 깃든 학문이다. 되도록이면 어렵다는 인식을 주지 않기 위해 수식은 거의 모두 피했지만 실상 속을 들여다보면 모두 물리 법칙에 따른 수학 공식에 의해 이루어진다는 현실을 강조하여 둔다.

독자들의 흥미를 끌기 위해 탄소 빔이 암세포를 파괴하는 모습을 그림 6.30에 보인다. 물론 소기의 성과를 달성하는 데에는 다양하고 복잡한 절차가 필요하다. 그 모든 것이 기초과학에 기반된 계산 결과를 토대로 하면서 현장에서의 각종 경험과 기술적 축적에 의해 종합적으로 이루어진다.

그러나 중이온 빔이나 방사성핵종 빔의 진정한 가치는 순수 생명·의학 연구에 있다. 암 치료를 위한 것과 순수 생명과학 연구는 판이하게 다르다. 인류의 건강과 보건에 더욱 큰 영향을 미치는 것은 단순한 치료가 아니라 모든 생명과학 산업에 파급을 미칠 수 있는 순수 연구이기 때문이다. 그 중에서도 **유전자와 단백질에 대한 생체 내 환경에 따른 반응 성질 연구**는 대단히 중요하다. 암은 물론 아직도 극복되지 않은 질병들은 많다. 그 중에서도 뇌 질환성 병들은 거의 불치에 가까운 실정이다.

이 글을 읽는 일반인이 통상적으로 이해를 하면서 고개를 끄덕인다면 지은이로서는 큰 힘이 된다. 그러나 이 분야에 종사하는 과학자들이나 의사들-화학, 생물, 의학 분야-은 최소한 그러한 기초 과정의 이해와 기본적인 물리 지식은 갖출 필요가 있다는 것을 거듭 강조하고 싶다. 치료를 위해 들여오는 암 치료용 가속기들도 그 원리는 물론 중이온 빔이나 엑스선 등에 의한 물질 내에서의 물리적 상호작용을 이해하고 있어야 독창적인 연구나 치료 성과가 나오기 때문이다. 더욱이 그러한 타 학문에 대한 수용성과 함께 기초과학에 대한 폭넓은 지식이 곧 상호 협력 연구의 가장 중요한 힘으로 작용하게 된다는 점도 강조하고 싶다.

라온 중이온 가속기는 이러한 순수 생명·의학 분야 연구 분야에 크게 공헌하게 된다. 라온 가속기의 활용 연구 장치 중 빔조사 실험실이 그 역할을 담당한다. 그러나 라온 시설에 있어 중이온 빔 조사실은 다양하게 설치될 수 있다. 초저 에너지 구간, 저에너지 구간, 고에너지 구간 등에는 여유로운 공간들이 산재하는 바 이러한 공간을 빔조사 실험실로 활용하면 된다. 빔 에너지에 따라 재료나 생체 조직의 표면, 연결면, 내부 등에 대한 연구가 모두 가능하다.

6.2.3 새로운 육종 개발

방사선이 인체에 미치면 다양한 현상이 일어나며 세포 변이에 따른 암세포의 발생도 흔하다. 이것이 원자력 발전의 사고나 핵무기에 의한 방사성 방출이 인간에게 공포감을 유발하는 이유이다. 물론 방사선이라 함은 굳이 감마선, 엑스선, 베타선, 알파선뿐만이 아니다. 중이온 빔도 이에 속한다. 그런데 방사선은 해를 가하기도 하지만, 즉 나쁜 역할도 하지만 좋은 일, 즉 착한 역할도 한다. 여기에서 이야기하는 가속기는 방사선의 역할 중 좋은 것들만 고르는 장치이다.

사람은 흔한 것에는 그저 그렇고 무언가 이상하거나 드문 것, 즉 희귀한 것에 더 큰 관심을 가진다. 꽃도 마찬가지이다. 흔한 얘기로 돌연변이종을 좋아하고 또 비싸게 거래된다. 그러면 중이온 빔을 식물체에 쏘아 돌연변이종을 만들 수 있을까? 물론 가능하다.

방사성핵종이 발견되고 난 후 방사선을 식물체에 쏘여 새로운 품종을 개발하거나 환경에 강한 유전자원을 개발하는 연구는 활발하게 이루어져 왔다. 그러나 중이온 빔에 의한 돌연변이 육성과 그에 따른 과정과 결과를 해석하는 연구는 최근에야 각광받고 있다. 이러한 돌연변이에 대한 유전자원은 국익에 상당한 영향을 미친다. 왜냐하면 각종 농업 작물들은 모두 품종에 대한 유전자 특허를 가지고 있기 때문이다. 우리나라도 맛있는 과일이나 질 좋은 벼를 생산하는 데는 일가견이 있는 나라 중의 하나이다. 그러나 그 속을 들여다보면 아직도 외국의 유전자 특허를 지닌 것을 가지고 생산하는 경우가 많다. 당연히 많은 특허료를 지불하고 있는 실정이다. 물론 원예 작물도 예외는 아니다. 더욱이 삼성이 멋진 스마트폰을 만들어 전 세계적으로 수출하고 있지만 뇌에 해당되는 메모리 반도체는 특허를 가진 미국 회사에 엄청난 돈을 지불하는 실정이다. 그만큼 창조적이고 우리들만의 고유한 제품 혹은 품종을 만들어야 한다.

돌연변이에 의한 육종 개발은 중이온 빔이 유효하다. 우리는 앞에서 선형 에너지 전달(이하 LET로 표기한다)에 대해 알아보았다. 엑스선은 LET가 낮다. 따라서 식물에 쏘이면 유전자인 DNA의 두 가닥 사슬을 동시에 끊기보다는 한 가닥 사슬만 파괴시키는 것이 다반사다. 이와 반면에 중이온 빔은 LET가 높다. 높은 LET는 특정 부위에만 닿을 수 있어 표적의 DNA 영역의 사슬을 정확하게 계량하여 파괴시킨다. 즉 동시에 이중 띠를 끊어 세포의 대량 파괴 없이 유전자 형질을 바꾸어 놓을 수 있다. 따라서 대상 식물이나 동물 세포에 큰 영향 없이 쉽게 돌연변이를 유발시킬 수 있다. 참고로 엑스선이나 감마선들에 의한 식물의 돌

그림 6.31　일본 이화학연구소 중이온 가속기 시설(정식 명칭으로서는 방사성핵종 생산 공장) 야외에 전시해 놓은 새 품종 돌연변이 꽃의 모습(왼쪽).

연변이를 유도하기 위해서는 50% 정도의 치사율이 나오는 것으로 알려져 있다. 이것은 그만큼 방사선량이 높기 때문이다. 엑스선을 가지고 암 부위를 파괴시킬 때도 이러한 일이 벌어진다. 결국 주위 세포들을 많이 파괴시켜 또 다른 암을 유발시키는 결과를 초래한다. 이것은 재료 분석을 할 때도 마찬가지이다. 분석을 위하여 방사선량이 많이 투입되어 내부 구조가 파괴되어 버리면 원래의 구조는 볼 수 없게 된다. 따라서 아주 적은 양의 방사선량으로 물질 분석이 이루어져야 하며 이는 중이온 빔에 의해 가능하다.

　그림 6.31은 지은이가 직접 일본의 이화학연구소의 중이온 가속기 시설(그림 7.3에 나온다)을 방문하여 찍은 사진이다. 이 중이온 가속기 연구소는 최근 113번 원소를 발견하여 더 유명해졌는데 이름도 일본이라고 지어 원소의 주기율표에 일본을 새겨 넣기도 하였다. 사진에서 보면 원예작물 중 한 꽃 종류에 대하여 다른 색깔이 나오는 새 품종을 만들어냈다고 자랑하고 있다. 앞으로 국내에서도 중이온 가속기 라온이 가동되면 이러한 연구를 할 수 있을 것이다.

6.2.4 우주 탐사체와 중이온 가속기

미국은 2019년 7월, 50년 전(1969년 7월) 달에 인류의 발자국을 남긴 것을 기념하여 '다시 달에!'라는 기치 아래 원대한 계획을 알린다. 이름하여 아르테미스 프로그램(Artemis Program)이다(그림 6.32). 2009년에 시작하여 2033년에 종료되는 계획이다. 우선 달에 인류를 착륙시키고 여세를 몰아 화성에 인류를 안착시키는 꿈을 실현시키는 우주 탐사 과학 프로그램이다. 이 프로그램에는 미국을 필두로 하여 유럽연합, 러시아 그리고 일본 등이 참여한다. 그럼 우리나라는?

사실 항공우주 과학기술은 국가 경쟁력을 좌우하는 전략기술로 국민 안전과 국민 생활에 매우 중요한 분야이다. 우리도 늦었지만 우주를 향한 국가적 차원의 계획과 우주 강국의 꿈을 이루기 위한 대장정에 나서고 있다. 이를 실현하기 위한 기관이 한국항공우주연구원이다. 이미 우주발사체 분야에서 나로우주센터 건립, 나로호와 시험발사체 발사 등을 통하여 항공 우주 기술 확보를 위한 발걸음을 내딛고 있다. 더욱이 우리나라도 미국의 달 탐사 계획에 참여하고 있다. 이 프로그램에의 참여는 달 탐사선을 개발하고 궤도선, 착륙선, 과학연구용 탑재체는 물론 깊은 우주 통신 등 달 탐사에 필요한 기반기술을 확보해야 한다는 의미이다.

여기서 중요한 점 하나가 있다. 그것은 우주 탐사체의 재료에 관한 것이다. 지구 주위를 돌며 방송 통신이나 날씨 예보 등에 이용되는 인공위

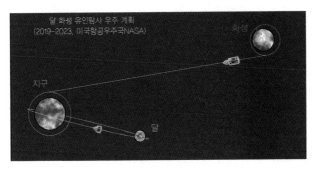

그림 6.32 미국의 유인 달 탐사와 화성 탐사를 위한 대장정 그림. 2033년 화성에 인간을 착륙시키는 원대한 계획이다.

성은 물론 달에 가는 우주 탐사체는 지구와는 전혀 다른 환경에 처하게 된다. 이른바 우주 방사선! 우주 방사선에는 많은 종류가 있지만 그 중에서도 고에너지 양성자와 감마선이 대표적이다. 더욱이 태양으로부터 직접 오는 강력한 방사선도 위성을 이루는 재료에 치명타를 가할 수 있다. 우주 강국인 미국과 러시아 등은 이러한 살벌한 우주 환경에 견디는 재료 개발에 사활을 걸고 매진해오고 있다.

이러한 극한 환경(저온, 방사선 방출 등)에서 견딜 수 있는 재료 개발에 우선적으로 이용되는 것이 이온 빔 쏘임이며 이를 통틀어 **이온 빔 분석법**이라고 부른다. 여기서 이온 빔은 양성자 빔은 물론 중이온 빔을 말한다. 특히 중이온 빔에 의한 다양한 분석방법이 전 세계적으로 폭넓게 활용이 되어 왔다. 그러한 가속기들 중 탄뎀 형 반데그라프가 중이온 빔 가속기로써 대학이나 국가 연구소에서 큰 역할을 담당하고 있다. 불행하게도 우리나라에는 연구를 위한 반데그라프는 존재하지 않는다. 다만 연대 측정을 목표로 하는 특수 형태의 반데그라프가 상용으로 들여와 운영되고 있을 뿐이다. 앞에서 나왔던 가속기질량분석기가 이에 해당된다.

라온 가속기는 국내 유일의 중이온 빔 생산 가속기이다. 따라서 이제까지 국내에서는 행하지 못한 중이온 빔 분석을 신재료 개발이나 우주 발사체의 재료 분석과 개발에 활용될 수 있다. 중이온 빔 분석법은 해당 재료, 예를 들면 반도체 재료인 실리콘 등에 빔을 쏘아 다양하게 반응되는 2차 이온 빔을 검출하여 내부 구조는 물론 중이온 빔에 의한 내부의 변화를 들여다보는 방법이다. 여러분들은 은연중에 **'비파괴 검사'**라는 말을 방송 등에서 들어보았을 것이다. 고속철도를 지탱해주는 콘크리트 기둥이라든지, 중요한 건축물의 기둥, 혹은 다리 등의 기둥이나 상판 등에 내부 균열이 생겼는지를 조사할 때 사용되는 방법이다. 여기에는 무엇이 쓰일까? 놀라지 마시라. 고에너지 빛인 '감마선'이 사용된다. 엑스선이 우리들의 이빨이나 갈비뼈를 찍는 것과 같은 원리이다. 다만 감마선은 투과력이 더 강하여 엑스선이 들어갈 수 없는 더 깊은 곳까지 침투하여 그 속의 모습을 영상 처리하여 사진처럼 나오게 한다.

중이온 빔에 의한 물질 분석 방법들을 보면,

중이온 빔 탄성산란법, 중이온 빔 러더포드후방산란법, 중이온 빔 수로법(channeling), 중이온 빔 유발 엑스선 분광법

등이다. 다소 전문적인 용어들이다. 따라서 일반인들에게는 잘 알려지지는 않았지만 이러한 방법으로 반도체 공정이나 디스플레이 공정 등에서 이용되고 있다. 물론 이러한 방법은 중이온 빔의 종류—탄소, 산소, 아르곤 등—에 따라 물질 내에서 에너지를 잃어버리는 성질이 다른 점을 이용한다. 더욱이 중이온 빔들의 에너지에 따라 분석하는 재료의 표면이나 속을 분석하는 데 차별적으로 적용된다. 제발 복잡하다고 하지 말자. 과학은 물론 첨단 기술은 이런 것이며 그 만큼 머리 싸매며 일하는 것이 과학자들의 몫이기 때문이다. 이러한 노력이 있기에 생명을 구하고, 휴대전화도 나오고 멋진 동영상도 나올 수 있었다.

앞으로 라온 가속기에서 생산되는 핵자당 200 MeV 에너지의 중이온 빔이 특히 우주 발사체의 재료 분석에 뛰어난 역할을 할 수 있다고 본다.

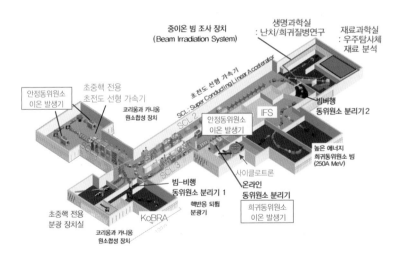

그림 6.33 라온 가속기와 중이온 빔 조사 장치 위치. 난치병 혹은 희귀 단백질성 질병을 이겨낼 생명과학 연구에 사용되는 것은 물론 장차 재료 분석을 위한 활용 장치로도 각광을 받을 수 있다. 특히 항공 우주 분야의 발사체나 우주 탐사체의 재료 및 우주 방사선 검출기 혹은 통신 기기들에 대한 신재료 개발에 기여를 할 것으로 기대된다.

따라서 우주 탐사에 필요한 핵심 기술을 확보하는 데 큰 기여를 할 것으로 기대된다. 더욱이 이러한 분석을 하는 데는 분석 사용료가 크게 드는데 경제적 파급효과도 크리라 생각이 든다. 그림 6.33을 보기 바란다.

6.3 특수 2차 빔 활용 연구: 중성자 빔과 뮤온 빔

여기서 잠깐 언급하고 넘어가야 할 사안이 있다. 그것은 라온 가속기의 활용 분야에 있어 중성자와 뮤온 빔에 관한 것이다. 중이온 빔과는 다소 동떨어진 활용 빔에 속하기 때문이다. 사실상 이 두 가지 2차 빔은 이미 이야기했듯이 중이온 1차 빔에 의한 것이 아니라 양성자로부터 생성되는 것이 일반적이다. 라온 가속기는 중이온 빔 가속기이긴 하지만 양성자 빔 역시 생성이 가능하다. 이러한 차원에서 활용도를 더 높이고 이용자의 폭넓은 확보를 위하여 이 두 가지 활용 시설이 만들어졌다.

여기에서는 이해를 쉽게 구하기 위해 앞에서 보기로 들었던 원형 싱크로트론 가속기를 다시 등장시켜 이 두 가지 빔에 대한 활용과 세계적 시설을 간단하게 소개하고자 한다. 그림 6.34를 보자.

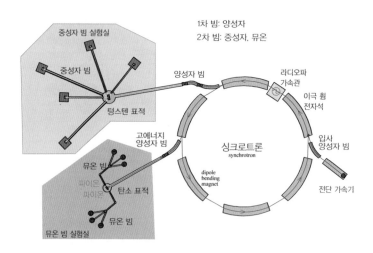

그림 6.34 양성자 원형 싱크로트론 가속기와 중성자 및 뮤온 2차 빔 생성도.

6.3.1 중성자 빔

중성자는 양성자가 원자핵을 강하게 충돌시켜 발생시킨다. 원자로나 원자력 발전소에서 나오는 중성자는 이러한 과정에서 나오는 것이 아니라 우라늄 핵이 핵분열 과정에서 발생한다. 생성 원리가 전혀 다르다. 아주 높은 양성자(보통 수백 MeV)가 원자핵, 가령 텅스텐 표적에 충돌시키면 핵을 이루는 양성자와 중성자가 파괴되면서 흩어져 나온다. 이 현상을 보통 파쇄(spallation)라고 부른다. 사방으로 터져 나오는 중성자 중 특정의 방향으로 나오게 하면서 되도록 단일 에너지 형태로 만든 것이 중성자 빔이다. 이러한 중성자 빔은 양성자나 중이온 빔과는 달리 전하가 없는 것이 가장 큰 특성이다. 따라서 물질에서 전하 이온 반응을 일으키지 않는다. 방사선 중에서 중성자가 위험한 이유는 낮은 에너지로도 쉽게 인체 내에 침투하여 세포를 파괴시키기 때문이다. 그런데 이러한 중성자 빔은 물질의 구조를 알아내는 데 큰 역할을 한다. 그것은 중성자 산란이라는 반응에 의한다. 중성자가 물질 내에 침투하면 물질을 이루는 분자들이 에너지를 받아 진동이나 회전을 일으킬 수 있다. 그러면 진동 에너지만큼 중성자는 에너지를 잃고 밖으로 나오는데 중성자의 에너지와 그 방향을 측정하면 조사하는 재료의 내부 결정 구조와 결합 상태들을 자세히 알 수 있다. 즉 재료 특성 연구에 아주 적합하다. 이러한 중성자 빔에 의한 물질 분석은 전 세계적으로 풍부하게 이루어지고 있다.

6.3.2 뮤온 빔

뮤온 빔은 높은 에너지 양성자(300 MeV 이상)에 의해서만 가능하다. 그 이유는 원자핵에 있어서 양성자나 중성자를 붙들어 매는 매개체 역할을 하는 중간자(meson)인 파이온에서 나오는데 이러한 중간자는 핵력에 해당되는 에너지로 때려야만 발생하기 때문이다. 이러한 중간자는 오래 살지 못하고(10^{-8}초 정도) 금방 뮤온으로 붕괴한다. 그리고 뮤온은 2마이크로초(10^{-6}초) 정도의 반감기로 다시 붕괴해 버린다. 이때 붕괴를 하면서 전자나 양전자 그리고 뮤온성 중성미자를 방출한다. 핵물리 실험에 있어서 2마이크로초는 비교적 긴 시간에 해당되기 때문에 뮤온 빔을 이용한 실험은 얼마든지 가능하다. 뮤온은 전자처럼 스핀 상태를 갖고 있다. 그런데 뮤온의 질량은 전자보다 약 200배 무겁다. 이렇게 무거운 성질이 전자를 가지고 물질 내부를 들여다보는 것보다 더 좋은 분해능을 가지게 된다. 뮤온이 특정의 재료에 들어가면 뮤온이 가지고 있는 스핀, 다시 말해 자석 성질이 물질 내부에 있는 원자가 가지고 있는 자석 성질과 반응을 한다. 여러분이 두 개의 자석을 가지고 서로 가까이 했을 때 나타나는 성질과 같은 원리이다. 그러면 조사하는 재료가 어떠한 자석 성질을 가지고 있는지 알아내게 된다. 이러한 자석의 성질은 사실상 물질을 이루는 분자나 원자 상태에 있어서 그 주위를 도는 전자들의 분포와 밀접한 관계를 가진다. 이때 전자들의 동향에 따라 초전도체나 유전체 등의 새로운 물질을 찾아내는 데 혁혁한 역할을 하게 된다. 오늘날은 에너지 다량 소비 시대이다. 가장 대표적인 것이 탈 것–자동차–과 통신기기–휴대전화–의 대량 생산과 이용에서 나온다. 오늘날 산업에 있어서는 에너지 효율성과 함께 정보의 대량 저장 방법이 가장 중요한 기술적 요인으로 자리 잡고 있다. 이것이 기술적 우위 선점에 따른 국가적 경쟁력 확보라는 대의적 명분과 맞물려 특정 재료의 개발이 급선무가 되었고 이를 위한 분석기기로서 방사광가속기와 중성자 빔과 뮤온 빔 시설이 주목받고 있는 것이다. 국가가 볼 때 가장 중요한 점이 세금을 내는 국민의 관심 사안이며 이는 곧 고도 산업화와 직결된다. 이에 따라 거대 가속기 시설 역시 순수 과학 연구라는 인류의 지적 호기심을 충족시키는 한편 응용과학이라는 측면도 살펴야 하는 두 가지 토끼를 잡는 형극이 되었다. 그러나 조금만 면밀히 가속기 역사를 살펴보면 사실상 응용에 대한 기여가 더 큰 면도 있다. 이미 여러 번 강조를 했지만 사이클로트론이나 선형 가속기 등은 병원에서 환자 치료용으로 이미 명성을 날렸으며 반데그라프 가속기는 수많은 대학이나 연구소에서 물질 연구나 지구 과학 면에서 상당한 기여를 하고 있다.

위와 같은 원리로 중성자 빔과 뮤온 빔을 생산하는 곳 중 유명한 곳이 영국의 **러더포드 애플턴 연구소(RAL; Rutherford Appleton Laboratory,** the United Kingdom)이다. 앞에서 나왔던 그 역사적인 인물 이름이다. RAL 연구소는 영국 정부가 범정부 차원에서 지원하는 대표적 가속기 활용 연구 시설이다. 중성자와 뮤온 빔 시설인 경우 과학 및 기술 시설원(Science & Technology Facilities Council)의 이시스(ISIS) 중성자 및 뮤온 발생 장치라고 부른다. 뮤온 빔은 800 MeV의 양성자를 1 cm 두께의 탄소 표적에 충돌시켜 발생시킨다. 45도 각도로 놓여져 3mrad의 다중 산란 방식으로 인출한다.

두 빔의 연구 분야는 다음과 같다.

중성자 빔

- 에너지: 수소연료 재료 연구, 핵발전소 사용기한 연장, 유기성 솔라셀 재료, 초전도체
- 환경 및 기후 변화: 이산화탄소 변환 처리 연구, 극지방 화석 연구, 대기오염 연구
- 의학 및 보건: 콜레스트롤 추적 연구, 선천성 구개파열 신기술 수술 연구, 인공골반처리 기술, 면역체계 강화 연구
- 전자 정보: 휴대전화기 신재료 연구, 전염성 탐지 센서기 개발, 자기성 전자회로, 중성자 우주 방사성 영향 연구(비행기 등의 전자회로 등)
- 제조 산업: 우주 항공 재료 변형력(stress) 영향 평가, 에너지 절감 및 청정 재료 연구, 신약 재료
- 자연산 응용: 거미형 실크 재료 연구, 도마뱀 생체 조직 연구, 병저항성 곡물 연구, 행성 지질학
- 인류유산 과학: 로마 시대 유물의 경로 파악 등

뮤온 빔

- 자성체 연구
- 초전도성 연구
- 화학 원소 함량 분석
- 배터리 및 태양광 소재 연구
- 유기성 재료 자성체 연구

- 광유도 영향성 연구
- 반도체 연구
- 화학 구조 연구
- 유기성 초전도체 연구

6.4 특별 주제: 희귀 질병과 중이온 빔

유전자와 단백질

생명의 본질은 외부로부터 에너지를 받아 자기 자신을 복제하는 데 있다. 이때 복제를 수행하는 단위체를 유전자라 하며 우리의 몸을 이루는 세포의 핵 안에 존재한다. 에너지가 필요한 것은 생명체의 유지에 필요한 정보의 획득에 있으며 이른바 DNA라는 유전자 속에 소위 디지털 형태로 저장된다. 이때의 디지털 기호는 A, T, G, C라는 네 개의 염기로 이루어져 있다. 사람에게는 60조에 이르는 세포들의 핵 속에 존재하는 두 벌로 된 23쌍의 유전체(모두 46개)에 들어 있다. 염색체라고 하는 것은 쌍으로 배열된 긴 DNA 분자이다. 세포 하나에 있는 모든 염색체의 DNA 분자를 이으면 무려 183 cm가 된다고 한다.

여기서 사람의 염색체를 자세히 들여다보자. 하나의 염색체는 긴팔을 다른 하나는 짧은 팔을 가지며 이 두 팔은 중심체(동원체; centromere)라고 부르는 부위로 연결되어 있다. 이 염색체 안에 A(아데닌), T(티민), G(구아닌), C(시토신) 등의 염기가 길게 배열되어 있다. 예를 들면 AGC의 배열이 100번 일정하게 연속적으로 이어질 수 있는데 이러한 단락이 이른바 유전자로 활약하게 된다. 100개의 알파벳은 복제되면서 짧은 RNA 가닥이 되고 RNA는 단백질과 함께 DNA를 해독하여 새로운 리보솜이라는 해독 기계를 만들어 낸다. 그리고 단백질은 다시 DNA 복제를 활성화시킨다. 단백질과 유전자는 생명을 유지하기 위해서는 서로 없어서는 안될 조합인 것이다. 즉 생명은 DNA와 단백질이라는 두 종류의 화학물질의 상호작용으로 만들어진다. 단백질은 화학반응, 생활, 호흡, 대사, 행동 등 표현형의 기능을 발현시키고, DNA는 정보, 복제, 교배,

성 등의 유전형의 기능을 발현시킨다.

그렇다면 DNA가 먼저일까? 아니면 단백질이 먼저일까?

둘 다 아니다.

생명고리의 열쇠는 RNA가 갖고 있다.

RNA는 DNA와 단백질을 잇는 화합물이며 DNA 정보를 단백질 합성에 필요한 해독 과정에 관여한다. RNA는 DNA와 단백질과 달리 스스로 복제할 수 있으며 가장 기초적인 기능을 수행한다. 즉 RNA가 DNA나 단백질 분자보다 먼저 발생했다고 볼 수 있다. 앞에서 이미 언급했지만 유전자 DNA로 만들어진 메시지를 전달하는 것도 해독하는 것도 모두 RNA를 가지는 효소와 리보솜이며 해독한 후 필요한 아미노산을 가지고 오는 것도 RNA이다. 더욱이 RNA는 자기 자신뿐만 아니라 다른 분자를 자르고 붙이는 촉매작용도 한다. RNA의 약간 다른 형태가 DNA에 해당된다. 긴 기간을 통해 오늘날과 같은 복잡한 생명체의 발현도 결국 RNA로부터 시작하여 생명의 고리가 탄생하면서 이루어졌다고 볼 수 있다.

생명은 RNA-DNA-단백질-RNA 등으로 상호작용하여 세포를 복제시키는 닫힌 고리라고 할 수 있다. 그림 6.35를 보자. 이 그림은 네덜란드의 '에세르(영어 발음으로 보통 에셔라고 부른다)'라는 화가가 묘사한 '폭포'라는 그림인데 자세히 보면 물줄기가 고리를 이루고 있음을 알 수 있다. 즉 물줄기를 따라가다 보면 원래의 자리로 되돌아온다. 이 화가의 천재성은 이러한 닫힌 고리를 다양한 형태를 빌려 묘사한 데 있다.

생명 현상 역시 그 근원을 찾아가다 보면 결국 원래의 자리로 돌아오고 만다. 너와 나의 구별은 애초부터 없는 것이다.

프리온 단백질

그러면 암보다 더 무섭고 치명적인 병이 있을까?

있다. 그것은 흔히 단백질병이라고 불리는 '프리온성 뇌질환병'이다. 광우병이라고 하면 금방 고개를 끄덕일 것이다. 우리나라에서 몇 년 전 광우병 파동이 일어 온 나라가 그 파도에 휩쓸리며 들썩인 적이 있다.

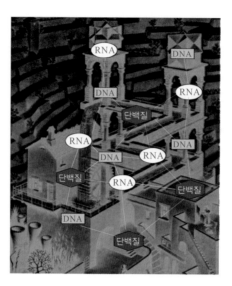

그림 6.35 생명의 고리. DNA-RNA-단백질의 삼각관계. 배경은 에셔(Escher; 에세르)의 '폭포'이다. 물줄기를 따라가다 보면 원래의 자리로 돌아온다. RNA는 RiboNucleic Acid의 약자로 **리보-핵산**이라고 번역된다. 여기서 Ribo는 Ribose의 약자로 당분자에 해당된다. DNA는 RNA의 당분자인 ribose에서 산소 원자 하나가 떨어져 나간 구조를 갖는다. 이를 탈산소를 뜻하는 deoxy(산소의 영어는 oxygen) 단어에서 D를 취한 경우이다. 즉 **탈산소-리보-핵산**이라는 의미이다.

미국산 쇠고기를 먹으면 광우병에 걸려 바로 미친 사람으로 되고 얼마 후 죽는다는 소문의 장본인 광우병. 그러한 공포감을 확산시켜 어린 학생들까지 촛불을 들고 나와 시위를 하게 했던 소에게 걸리는 스폰지 형태 뇌질환 광우병. 어찌 보면 **뜬 소문이 더 무서운 바이러스**가 아닐까 한다.

이 병의 내력과 원인은 아직도 제대로 모른다. 인간이 품고 있는 병의 세계에서 이 병을 퇴치하는 것은 아직도 미래에 속한다. 암과 더불어 이러한 병을 소개하고 이야기하는 것은 치명적인 병이라는 공통점에서 우러나오는 죽음에 대한 공포와 인간 능력의 무한함을 드러내어 희망을 가지기 위한 것이다. 그리고 이러한 희망은 오직 인간 능력 중 과학의 영역에서만 얻을 수 있다는 것을 은연 중 강조하기 위해서이다. 단백질은 아미노산이라는 분자가 결합된 유기분자들의 커다란 집합체이다. 앞으로 이러한 단백질에 대한 보다 근본적인 연구가 생물학은 물론 화학, 물리학 등의 기본 원리에 입각하여 이루어진다면 '암'은 물론 프리온 성 병들도 정복이 되리라 믿는다. 물론 여기서 단백질 병이라고 하였지만 대부분 유전자 변형과 관련이 된다. 보통 유전자라 함은 세포의 복제에 명령을 가하는 DNA를 뜻하게 되는데 특정의 염색체에 들어 있는 DNA의 서열이 특수하게 반복, 예를 들면 'CAG' (여기서 CAG의 염기배열은 아미노산 중 글루타민을 뜻한다) 등으로 되는 경우 그러한 불치병으로 이어지는 것으로 알려져 있다.

다음의 이름들을 보자.

광우병, 스크래피(양의 광우병), 알츠하이머, 파킨슨, 루게릭, 쿠루(파푸아뉴기니아 원주민에서 발병된 질병), CJD(크루츠펠트-야콥 질병; Creutzfeldt-Jakob disease), CWD(만성소모성질병; chronic wasting disease).

물론 공통점은 병의 종류이다. 그리고 조금 좁게 공통점을 파들어 가면 하나 같이 불치의 병, 즉 치명적인 병이라는 점이다. 현대의 뛰어난 의학과 기술로도 치료가 불가능한 무서운 병이다. 그리고 가장 중요한 공통점은 이 병들은 한 이름을 가진 단백질과 관련을 갖는 것으로 알려져 있다. 그 단백질의 이름이 프리온이다.

원래 프리온은 스탠리 프루시너(Stanley Prusiner) 박사가

"small *pr*oteinaceous *in*fectious particles; 작은 단백질 형 전염성 입자"

에서 따왔다. 원래대로라면 proin이 맞는데 듣기 좋은 음운을 고려하여 prion이라고 명명한 것이 인기를 얻어 그대로 사용되고 있다. 발음은 pree-on, 즉 '프리온'이다. 종종 프라이온이라고 부르기도 하는데 잘못된 인식(미국식 영어 발음 선호성)에서 나온 발음이다. 이 프루시너 박사는 이러한 프리온 연구로 노벨상을 받는데 이러한 단백질 형 질병을 연구하는 사회에서는 많은 논란을 불러일으킨 장본인이기도 하다. 왜냐하

면 이전에는 병을 일으키는 장본인이 유전자를 갖지 않은 경우가 없었기 때문이다.

이러한 프리온은 유전자, 즉 DNA에 의해 생성 변형되는 것이 아니라 자체적으로 변형되고 변한다. 그것도 거꾸로 세포 안으로 파고들어가 특정의 DNA 코드를 이용해 증식하는 특이한 단백질이다. 모든 질병의 원인을 따지면 결국 유전자 특히 DNA로 고착이 되는 것이 일반적이며 학계에서도 그렇게 통용되어 왔다. 더욱이 유전 생물학은 소위 중심도그마라고 하는 원리를 중심으로 해석되고 연구되는 것이 대세이다. 간명하게 표현하자면, "DNA는 RNA를 만들고 RNA는 단백질을 만든다(the central dogma: DNA makes RNA makes protein)"는 원리이다. 프리온 단백질은 이러한 중심원리에서 벗어나 질병을 일으키는 것으로 해석이 된 바 학계에서의 반발은 이루 말할 수 없었다. 물론 보다 진실에 가까운 것은 앞에서 언급했지만 닫힌 고리이다.

하나 더 단백질과 관련된 질병의 종류! 그것은 자가면역질환성 질병이다. 여기서 자가면역질환이란 면역세포가 자기 몸을 공격하는 증상이다. **알레르기**와 **아토피**가 대표적이다. **류머티스, 크론병, 천식** 등이 있으며 장기이식 거부 반응도 이에 속한다. 그 종류만 하더라도 70가지가 넘는데 대책이 없는 실정이다. 난치병인 것이다.

이제 단백질의 특징을 보자. 각각의 단백질은 아미노산이라고 하는 분자들의 연결로 이루어진다. 그리고 아미노산들의 연결은 이리저리 겹친 상태로 되는데 이렇게 겹친 상태로 다시 그 주위의 분자들을 끌어당겨 더 큰 단백질을 형성해 간다. 프리온 단백질인 경우 질병을 일으키는 원인이 이러한 아미노산의 잘못된 겹침에 의한 것으로 해석되고 있다.

프리온은 약 250개의 아미노산으로 이루어져 있는 거대 분자 단백질에 속한다. 그런데 불치의 병을 제공하는 이 단백질 분자는 묘하게도 아무해가 없는 단백질 분자, 다시 말해 정상 프리온 분자와 상종한다. 그렇다면 같은 종류의 단백질이 하나는 불치의 병을 일으키는 단백질(비정상 프리온)이고 다른 하나는 정상적인 조직에 상주하는 같은 종류의 단백질이다.

학자들의 연구 결과에 의하면 프리온 단백질은, 즉 병을 일으키는 단백질은 정상적으로 단백질 증식을 끊어버리는 효소에 저항하는 것으로 밝혀졌다. 반면에 착한 프리온형 단백질은 대부분 보통의 단백질처럼 그러한 효소에 잘 적응한다. 그 차이는 단백질의 구조를 변하게 하는 데 있는데, 이는 곧 아미노산의 연결 구조 특히 접힘이 정상에 비해 잘못된 구조에 있다. 이러한 잘못된 접힘의 구조에 의해 효소에 의한 소화력에 저항하는 방향으로 다른 단백질과 꼬이며 변형된다. 그 결과 원래의 프리온형 단백질 분자의 원형 구조는 아직도 모르고 있다. 왜냐하면 그렇게 변형되면서 다른 종류의 단백질과 강하게 결합되고 결국 원래의 개개의 단백질 분자들을 갈라놓는 것은 불가능하기 때문이다. 그리고 원래의 개개의 프리온 단백질은 단독으로 존재하고 있지 않기 때문이다. 따라서 보통의 생화학적 기술, 즉 엑스선 등을 통한 개개 원자와 원자 간의 자세한 구조를 밝히는 것은 불가능하다. 그런데 정상의 프리온형 단백질인 경우 꼬임에 의한 혼합물과 코일형태의 감김에 의한 혼합물인 데 반하여 프리온 단백질인 경우 코일 감김이 붕괴되어 다수의 코일 감김 분자들이 납작한 시트(sheet) 형태를 이루며 앞뒤 공히 접힘 구조를 갖게 된 형태를 지닌다. 결국 이 시트가 효소에 의한 단백질 와해를 방해하는 저항력으로 작용하게 되며 그 주위의 단백질과 강하게 결합하면서 같은 모양으로 변형시키며 세력을 키워나간다.

중요한 것은 정상 프리온 단백질은 뇌의 뉴런에 다수 분포하며 기능상 장기 기억에 관여하는 것으로 추측되고 있다는 사실이다. 그리고 단기 기억에는 영향을 주지 않는 것으로 알려져 있다. 자, 위와 같은 비정상 프리온 단백질이 뇌의 뉴런에 나타나면 어떠한 일이 벌어질까? 그것은 수많은 작은 구멍을 만들어지면서 마치 스폰지 형태로 되어 버리는 것이다. 이것이 광우병에 걸린 소들의 뇌에서 나타나는 스폰지 형태의 뇌의 구조이다.

그런데 프리온 단백질에 의해 다른 종으로 전염되는 경우—가령 소에서 인간, 인간에서 침팬지 등—원래의 증상과는 다르게 나타난다. 그 이유는 전염된 곳에서 이 단백질이 다르게 변모되기 때문이다. 물론 아미노산의 수와 배열은 같다. 정상적인 프리온 단백질이 가장 안정된 상태를 유지하는 것은 당연하다. 그러나 비정상 프리온 단백질이 비록 안정된 상태는 아니지만 그것들도 그 상태를 유지하고 이웃에 다른 단백질이 있으면 철저하게 결합하려고 한다는 사실이 중요하다.

그리고 여기서 주목할 것은 정상 그리고 비정상 프리온 단백질이 분자구조는 같다는 사실이다. 모양만 다를 뿐이다. 화학에서는 이러한 분자들을 아이소머(이성질체라는 의미)라고 한다. 그런데 이러한 아이소머는 분자에만 존재하는 것이 아니라 원자는 물론 원자핵에서도 존재한다. 지은이는 여기서 비정상 프리온을 정상 프리온에 비해 에너지 상태가 높은 **프리온 아이소머**라는 명칭으로 부르고자 한다. 일종의 입체 이성질체라고 할 수 있다. 생체의 거대분자 수준에서는 전자의 분포를 논하지 않지만 아미노산의 배열이 다르게 되고 단백질분자가 겹쳐지는 등의 메카니즘에는 필연적으로 전자들의 분포와 밀접한 관계가 있을 것으로 추측된다. 사실 원자들이 결합하여 분자를 이루고 분자들이 결합하여 거대분자를 이루는 것은 원자핵의 주위에 분포하는 전자들의 상호작용이 극히 중요한 역할을 한다. 아울러 이러한 아주 작은 세계에서는 양자물리학이 적용되는데 그러한 양자적 에너지 상태와 전자들의 운동 양상 등에 대한 기초적 연구가 필요할 것으로 생각된다.

프리온 아이이소머는 프리온 분자와는 모양만 다른데 만약 정상 프리온 분자를 prolate prion, 비정상 프리온 단백질을 oblate형 프리온 아이소머, 즉 oblate prion이라고 한다면 지나친 비약일까? 정상 프리온은 길쭉하고 비정상 프리온은 보다 납작한 형태를 가정한 것이다.

자! 이제 이성질체라는 것을 조금 더 자세히 들여다 보면서 한 가지 흥미로운 사실을 알아보자. 위와 같은 두 종류의 프리온 단백질, 인간의 기준으로 보면 하나는 좋은 놈, 다른 하나는 나쁜 놈인 이 두 개의 분자는 사실상 분자의 구조는 같다고 하였다. 다만 그 입체적 구조가 다른 것이다. 그림 6.36을 보기 바란다. 이러한 이성질체는 구조 이성질체와 입체 이성질체로 나눌 수가 있고, 입체 이성질체는 다시 기하 이성질체

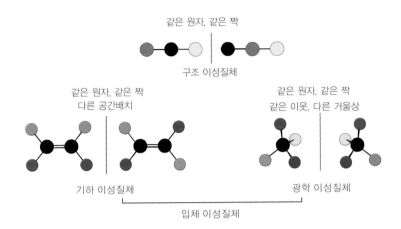

같은 원자, 같은 짝

구조 이성질체

같은 원자, 같은 짝
다른 공간배치

같은 원자, 같은 짝
같은 이웃, 다른 거울상

기하 이성질체

광학 이성질체

입체 이성질체

그림 6.36 분자의 이성질체(Isomer)와 그 종류.

와 광학 이성질체로 나뉜다.

기하 이성질체는 원자들이 똑같은 이웃에 연결되어 있으나 공간배열
이 다른 분자들이다. 광학 이성질체는 서로 포갤 수 없는 거울상 이성
질체이다. 아무리 분자를 돌리거나 비틀어도 거울상체를 원래의 분자에
포갤 수가 없다. 이것은 마치 오른손 거울상이 왼손으로 되지만 오른손
과 왼손은 결코 포갤 수 없는 것과 같다. 거울상 이성질체는 다른 거울
상 혼합물과 반응할 때를 제외하고는 서로 화학적 성질이 동등하다. 이
와 같이 거울상 이성질체 혼합물에 대한 반응성이 다르므로 **거울상 이
성질체들은 냄새와 약리작용이 다르게 나타난다.** 냄새를 맡는 수용체
나 효소에 작용하려는 분자가 공동이나 어떤 모양에 맞아야 하는데 단
지 거울상 이성질체 중 한 개만이 맞아 작용할 수 있기 때문이다. 따라
서 이성질체에 따라 하나는 우리 건강이나 약품으로 쓰이는 좋은 놈으
로 작용하고 다른 하나는 건강에 해롭거나 독약으로 작용하는 나쁜 놈
의 역할을 한다.

**따라서 프리온 단백질 역시 정상적인 프리온과 비정상 프리온은 서로
이성질체라고 볼 수 있으며 하나는 좋은 놈, 다른 하나는 나쁜 놈으로
나타난다고 볼 수 있다.**

이때 프리온 아이소머는 전기적으로 중성이면서도 분포는 고르지 못하여 어느 한쪽으로 양의 전기가 다른 쪽에는 음의 전기가 세게 작용할수 있다. 이러한 전기적 성질에 의해 주위의 다른 단백질과 강한 상호작용을 일으켜 크게 변형시키면서 잘못된 결합을 해나간다고 추측해볼 수있다. 2020년도에 대유행한 **코로나 바이러스인 경우 음의 전하**를 가지고 있다는 점과 연관이 되는 부분이다.

그렇다면 **암**은 어떠한 상황일까?

오늘날 암은 인간의 생활에 있어 점점 보편성의 터로 자리를 잡고 있다. 무슨 말씀이냐 하면 그 만큼 발병률이 점점 커지고 있다는 뜻이다. 첫째는 수명의 연장이다. 다음은 정신적인 스트레스와 더불어 외부의 다양한 요인들, 즉 음식과 생활 습관 등의 급격한 변화가 큰 원인이라고 하겠다. 암을 완전히 정복하기 위한 전쟁은 현재진행형이다. 암의 정복을 위한 미래의 전쟁은 어떠한 방향으로 흘러갈 것인가 하는 것은 현재의 가장 큰 화두이다. 현재는 악성 종양 제거 수술, 화학 요법 그리고 방사선 치료 등 세 가지로 요약된다. 그러나 미래는 화학요법이 주를 이룰 것으로 추측이 된다. 마치 만성 질환에 걸린 사람이 일생동안 그것에 맞는 약을 먹으며 병과 함께 생을 가듯이 말이다. 이런 경우 표적 항암 치료제는 필수적이다. 모두 **단백질학** 연구와 직결된다. 결국, 암과의 전쟁에서 승리하기 위해서는 유전자의 수준에서가 아니라 그보다 더 근본적으로 분자 수준, 즉 단백질 분자를 쳐다 보아야 하지 않을까 한다. 사실 유전자가 발견되고 DNA나 RNA 등의 구조와 그 기능이 밝혀졌는데도 어떻게 유전자가 외부의 침입에 대하여 그렇게 반응하고 어떻게 명령을 내리는지에 대한 근본 원인은 알려진 것이 없다. 그렇게 작용한다는 사실을 알 뿐이다. 그것은 유전자 배열에 있어 상이성이 발견되기 때문이다. 그리고 외부로부터의 자극을 받아 의식의 기능을 하는 뇌의 활동이 결국 우리들의 육체(결국 단백질)는 물론 유전자의 기능에 직접적으로 영향을 주는 것 또한 사실이다.

앞으로 단백질 및 유전자의 신체적 환경에 따른 반응성과 결합성 등이 라온 가속기의 방사성핵종 빔에 의해 밝혀지기를 기대해본다. 이 분야에 많은 젊은 학자들이 참여하여 노벨상 도전에 임하였으면 한다.

특별주제 참고 문헌

- **암: 만병의 황제의 역사**(The Emperor of All Maladies: A Biography of Cancer), 싯다 무케르지, 번역 이한음(까치, 2011).
- **게놈(Genome)**, 메트 리들리, 하영미. 이동혁 옮김(김영사, 2000).
- **Fatal Flaws**, Jay Ingram(Harper Collins, Toronto, 2012).

가속기 활용 연구에 대하여 한눈으로 볼 수 있도록 한 장의 그림으로 정리한다. 그림 6.37은 라온 가속기와 희귀동위원소 핵종들이 나열되어 있는 핵 주기율표와의 연구 연결 거미줄이다.

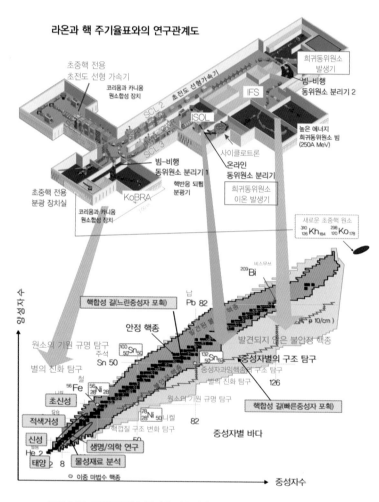

그림 6.37 희귀동위원소 중이온 가속기와 핵 주기율표에서의 연구 체계도.

7장

세계의
희귀동위원소
가속기

그림 7.1은 희귀동위원소 가속기가 설치된 세계 지도이다. 사실 미국, 유럽, 그리고 일본이 그 주인공들이다. 경제적 번영은 물론 민주화가 성립된 과학의 최고 선진국들이다.

라온 가속기는 보통의 안정된 중이온 빔을 만들어 내는 것보다 앞에서 언급한 희귀동위원소 빔을 생산하여 세계적으로 경쟁력 있는 가속기 연구 시설로 발돋움하는 주된 역할을 하게 된다.

그림 7.1에서 나오는 외국의 가속기 시설들은 역사가 깊다. 특히 유럽, 미국, 일본은 이 방면에 있어 경제력과 민주화의 최상 선진국답게 역사와 연구가 가장 길고 깊은 편이다. 아울러 러시아도 어깨를 나란히 한다. 중국 역시 이 분야에 있어 수준이 높다. 국가 차원에서 순수 과학은 물론 응용 연구를 위한 가속기 시설 구축에 심혈을 기울여 왔기 때문이다. 이제부터 차례대로 우리보다 훨씬 앞서 출발한 선진국들의 가속기 시설들을 둘러본다.

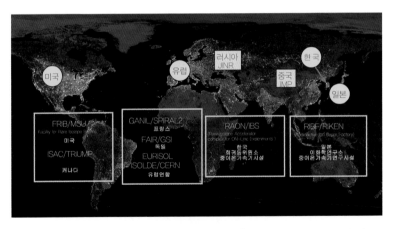

그림 7.1 희귀동위원소 빔을 생산하고 있는 가속기 시설 국가 분포도. 미국과 캐나다, 유럽(프랑스, 독일 등), 일본 등이 그 정점에 있다. 그리고 러시아와 중국 역시 이 방면에서는 선진국이라고 할 수 있다. 우리나라도 라온이 완공되면 이러한 최고 과학시설 보유 국가로 등록하게 된다.

7.1 아시아

먼저 아시아에 설치되거나 설치될 희귀동위원소 빔 시설들을 살펴보기로 한다. 아시아는 일본을 제외하면 이 분야에 있어 후발 주자이다. 최근 들어 우리나라는 물론 중국이 희귀동위원소 가속기 구축에 발 벗고 나서면서 주목을 받기 시작하였다. 경제력이 뒷받침되었기 때문에 가능한 일이다.

여기서 중이온 가속기 시설에 대하여 한 가지 강조하고 싶은 것이 있다. 그것은 일본은 말할 필요 없지만 중국과 인도 등에는 이미 중이온 가속기 시설들이 존재해왔다는 사실이다. 일본인 경우 국가 연구소는 물론 대학의 연구소에 수많은 가속기 시설들이 존재한다. 가속기 종류도 다양하며 빔의 종류도 다양하다. 여기에서는 다루지 않고 있지만 세계적으로 알려진 시설들이 있는데 그 중에서도 오사카 대학의 핵물리연구 센터(Research Center for Nuclear Physics; RCNP로 잘 알려져 있음)의

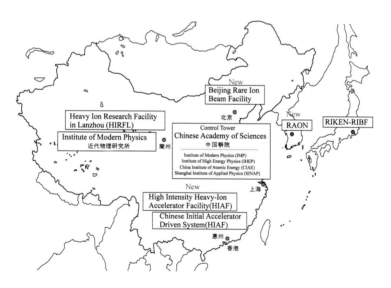

그림 7.2 아시아의 중이온 가속기 시설 현황. 희귀동위원소 빔 생산 시설 위주이다. **안정동위소 빔 중이온 가속기 시설들은 일본, 중국은 물론 인도의 대학이나 연구소에 많이 설치되어 있다.** New로 표시된 시설들은 2020년 후에 가동될 새 시설들이다.

가속기 시설은 유명하다. 중국도 란조우(蘭州)의 가속기 시설을 필두로 하여 탄뎀형 반데그라프 가속기 시설들이 있으며 핵과학 분야에서 많은 실험들이 이루어지고 있다. 인도 역시 이 분야는 우리나라를 압도한다. 비록 희귀동위원소 빔 가속기는 존재하지 않지만 탄뎀형 반데그라프와 사이클로트론 가속기 시설들이 설치되어 많은 실험들이 이루어져 왔다. 부연 설명하자면 현재 시점에서 보자면 우리나라는 이 분야에 있어 이들 국가에 비해서는 한참 뒤떨어져 있다. 현재도 순수 연구용 중이온 가속기는 존재하지 않는 것이 우리나라의 현 주소이다. 라온 가동으로 일거에 극복될 것으로 기대한다.

먼저 일본을 방문하고 중국으로 가보자.

7.1.1 일본

RIKEN-RIBF

RIBF는 Radioactive Ion Beam Factory의 영문 약자이다. 말 그대로 방사성핵종 빔 생산 공장이라는 뜻이다. 여기서 말하는 희귀동위원소 빔하고 같은 의미이다. 방사성핵종 빔이라는 단어를 피하여 더 얻기 힘든 불안정동위원소를 강조하는 의미에서 희귀동위원소(Rare Isotope)라고 명명한 것은 미국이다. 참고 바란다. 그리고 RIKEN은 이화학연구소의 한자(理化學硏究所)에서 理와 연구소의 硏의 일본식 한자 발음을 딴 명칭이다. 즉 영문하고는 상관이 없는 명칭이다. 여기서 **이화학은 물리학과 화학**을 지칭한다. 이 역시 참고로 알아두기 바란다. 방사성핵종 빔이든 희귀동위원소 빔이든 이제부터 그 약자를 RI로 하여 자주 사용하기로 한다.

RIKEN에서의 RI 빔은 1980년대 중반에 시작이 되었고 본격적인 생산은 후반부터이다. 원래 RIBF의 이름은 1997년에 시작이 되었다. 그 전 이름은 리켄 가속기 연구 시설(RIKEN Accelerator Research Facility; RARF)이었다. RARF의 총아는 단연 RIPS라는 동위원소 분리 분광 장치인데 라온의 KoBRA를 연상하면 된다. 여기서 RIPS는 RIken Projectile-fragmentation Separator의 약자이다. 1990년부터 세계 최고

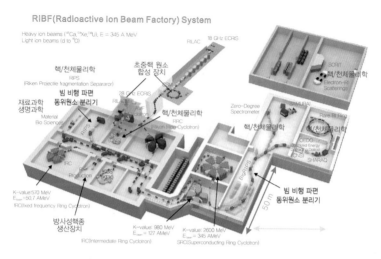

RIBF(Radioactive Ion Beam Factory) System

그림 7.3 일본 이화학연구소의 방사성 이온 빔 생산 가속기 시설. RIBF. 핵과학 분야 실험 장치가 주류를 이룬다. 빔 비행 파편 분리기인 RIPS는 현재 편극 중이온 빔 시설로 거듭나고 있다. 수도인 Tokyo(東京)에서 멀지 않은 Wako (和光)시에 있다. https://www.nishina.riken.jp/RIBF/

의 RI 빔을 생산하면서 이름을 날렸다. 물론 지금도 사용되고 있다. 그림 7.3에서 왼쪽 부분이 2000년 이전에 가동되었던 시설 영역인데 가속기는 RRC(RIKEN Ring Cyclotron)라 하여 역시 최고 수준의 에너지를 생산한 사이클로트론이었다. RRC의 전단 가속기는 두 개다. 하나가 선형 가속기인 RILAC, 다른 하나가 AVF 사이클로트론이다. 이러한 가속기 조합과 RIPS에 의해 질량수 60 이하의 RI 빔을 만들어 다양한 희귀동위원소 빔 실험으로 이름을 날렸다. 가장 유명한 빔이 리튬-11(^{11}Li)인데 그 세기가 프랑스 GANIL이나 미국 NSCL의 것보다 무려 100배 이상 많았다. GANIL이나 NSCL에서 100시간 걸려 실험한 것을 1시간에 가능하다는 의미이다. 그 차이는 상상을 넘는다. 왼쪽의 실험 영역에는 RIPS 외에 많은 실험실(Experimental Room)들이 있었는데 남아 있는 것은 RIPS와 빔 조사 응용실험실뿐이다. 나머지는 RIBF가 성립되면서 새로이 조성된 실험실들이다. 이곳에 새로이 사이클로트론이 들어선 것이 이채롭다.

오른쪽 영역이 2000년대 초반에 조성된 새시설들로 그 규모가 방대

그림 7.4 RIBF의 가속기와 희귀동위소 발생장치. https://www.nishina.riken.jp/RIBF/

해졌음을 알 수 있다. 여기서 주목되는 시설들이 두 개의 커다란 사이클로트론과 BigRIPS라는 RI 빔 분리분광장치이다(그림 7.4). BigRIPS는 이름에서 알 수 있듯이 RIPS를 더욱 키워 그야말로 희귀한 동위원소를 생산할 수 있는 시설이다. 이 시설로 인하여 일본은 여전히 세계 선두를 달리고 있다. 라온 시설에서 빔 비행 동위원소 분리장치, IFS가 BigRIPS 구조와 비슷하다. 최종적으로는 중이온 빔인 경우 핵자당 350 MeV까지 가능하다.

활용 장치 대부분은 핵물리학 실험용들이다. BigRIPS를 통한 희귀동위원소 빔 실험들이 주를 이룬다. 한 가지 특이한 사항은 2010년 이후에는 유럽에서 많은 이용자들이 참여하여 높은 성과를 거두고 있다는 점이다. 그 이유는 게르마늄 감마선 검출기들에 의한 감마선 분광기의 미확보에 있다. 감마선 분광기가 핵물리 실험에서 가장 중요한데 이를 간과한 것이다. 이를 보완하는 방법이 유럽이나 미국의 검출체계를 빌어다 사용하는 것인데 소위 캠페인 성 실험이라고 부른다. 많은 캠페인 성 실험이 이루어지면서 RIBF의 RI 빔 우수성을 인정받았지만 질적 논문들은 유럽의 학자들에 의해 출판되는 경우가 많다. 우리가 반면교사로 삼을 일이다. 다음에 나오는 유럽 시설들을 보면 그 차이점을 알 수 있다.

가속기 시설 중 RILAC II와 이온원 28 GHz 장치가 보일 것이다. 바로 초중핵 원소합성을 위한 새로운 전용 장치이다. 113번 원소의 일본 측 발견이 인정받고 나서 범정부 차원에서 적극 지원이 이루어져 118번 이후 원소 합성을 위해 투자된 결과이다. 러시아와 경쟁에 들어갔다고 보면 된다. 러시아 시설에 대해서는 유럽 가속기 시설에서 소개한다.

7.1.2 중국

중국의 RI 빔 생산 시설은 현재 란조우 소재 근대물리연구소(Institute of Modern Physics; IMP)의 중이온 가속기 시설이 유일하다(그림 7.5).

IMP 연구소는 중국 정부가 범정부 차원에서 지원하는 중국의 순수과학 시설 중 자부심을 표하는 대표적 핵과학 연구 기관이다. 국가 주석이 정례적으로 방문하여 격려하는 모습에서 그 위상을 가늠해볼 수 있다. 특히 이 연구소는 그림 7.6에서 보는 것처럼 란조우(蘭州;란주) 시내 복판에 자리를 잡고 있어 접근성이 좋다. 이 점에서는 RIKEN 연구소와 궤를 같이한다. 앞으로 RAON 시설이 완공되면 접근성과 생활 편리성

그림 7.5 중국 과학원 산하 근대물리 연구소의 중이온 가속기 연구 시설. 두 개의 사이클로트론이 주 가속기인 싱크로트론의 전단 가속기 역할을 한다. http://english.imp.cas.cn/

등이 고려되어야 할 것으로 여긴다.

가속기 시설명은 중이온 빔 연구 시설(Heavy Ion Research Facility in Lanzhou; **HIRFL**)이다. 이 가속기 시설은 핵자당 1 GeV(기가 전자볼트) 에너지까지 가능하다. 두 개의 사이클로트론, Sector Focusing Cyclotron (SFC), Separated Sector Cyclotron(SSC), 을 전단 가속기로 사용하며 두 개의 싱크로트론을 주 가속기로 사용된다. 여기서 CSRm은 주 냉각 저장 링(the main Cooler Storage Ring)이란 의미이며 CSRe는 실형용 냉각 저장 링(Cooler Storage Ring for Experiments)의 약자이다.

희귀동위원소 빔 생산은 두 곳에서 이루어진다. 그림에서 보듯이 하나는 RIBLL1(Radioactive Beam Line in Lanzhou)으로 핵자당 수십 MeV로 상대적으로 낮은 에너지 영역을 담당하며, 다른 한쪽인 RIBLL2가 높은 에너지 영역을 담당한다. 최근에 희귀동위원소 핵종들에 대한 정밀한 질량 측정을 연거푸 성공시켜 이 분야에서 세계적으로 인정받고 있다. 라온의 질량측정장치(MMS)와 대비되는 것으로 싱크로트론에 의한 저장 방법을 이용하여 얻은 값진 결과라고 할 수 있다. 타산지석으로 삼을 만하다. 또한 큰 관심사인 초중핵 원소에 대한 실험도 하고 있다. 그림 7.5에서 보는 기체관 동위원소 분리기(Gas Filled Separator)로서 비록

그림 7.6 란조우(蘭州) 시내에 위치한 중국 과학원(中國科學院) 산하 근대물리연구소(近代物理研究所) 사진. 파란색 지붕 건물 안에 가속기 시설이 설치되어 있다.

새로운 초중핵 원소는 아직 합성하지 못했지만 이를 위한 발판을 꾸준히 만들어가고 있다.

주요 연구 분야는 다음과 같다.

- 이온 빔 가속기 물리학 및 기술
- 중이온 빔 물리학: 희귀동위원소 질량 측정, 핵구조, 핵반응, 초중핵 연구 등
- 중이온 빔 응용학: 동위원소 생산(의료용), 이온원 개발, 암 치료 등

연구 분야에 대한 자세한 기술은 피한다. 최근 중국의 이 분야 전문가들은 오랜 기간의 경험과 기술력을 바탕으로 자신감을 나타내고 있다. 우리의 라온 가속기의 구축에 있어 이용자 확보와 기술력 창출의 문제에 있어서는 다음과 같은 의견을 보이기도 한다.

즉,

"IMP의 가속기 시설은 세계적인 시설로의 입지가 굳어졌다고 본다. 사실 IMP의 존재 이유는 어디까지나 순수과학 연구에 있으며 응용 연구·기술들은 파급적인 요소이다. 그리고 RAON 시설에 있어 활용연구자 확보에 대한 문제는 시설구축 자체가 성공하면 자연스럽게 해결될 문제라고 본다. **조급하게 생각할 필요가 없다.** 아울러 한국의 대표적 가속기 시설인 RAON 역시 순수과학을 최상위에 두어 활용연구자를 확보하여야 성공할 수 있다."

이다.

우리 모두 귀를 기울여야 할 것으로 생각한다. 이러한 자신감을 바탕으로 중국은 새로운 중이온 가속기 시설은 물론 가속기 견인 핵분열에 의한 원자력발전체계(Advanced Driven System; **ADS**)의 구축을 시작하였다. 이른바 고전류 중이온 가속기(High Intensity Heavy-Ion Accelerator Facility; **HIAF**)와 가속기 견인 원자로 시스템(Chinese Initial Accelerator Driven System; **CIADS**)이다. 핵의 연쇄 분열을 임계점 이하(subcritical)에너지에서 일으켜 핵 발전에 대한 위험성을 없애는 것이 최대 목적이다. 그림 7.2에서 보듯이 이 시설들은 홍콩과 멀지 않은 혜주(惠州; Huizhou)

지역에 세워진다.

그리고 베이징(北京)에도 중국 원자력연구소(CIAE)에 의해 RI 빔 시설이 들어설 예정인데 ISOL 형태이다. 양성자 빔은 사이클로트론을 사용하며 그 에너지는 100 MeV이다. 그리고 ISOL 이온원을 받아 희귀동위원소 빔을 생산할 가속기는 탄뎀 반데그라프(15 MP형) 가속기이다. 또한 지하에 400 kV 가속기를 설치하여 천체핵물리학에서 중요한 반응, 예를 들면 $^{25}Mg(p, gamma)^{26}Al$ 실험(이미 앞에서 그 중요성과 스펙트럼을 보여준 바가 있다)을 극도로 낮은 수십 keV 에너지에서 반응 단면적을 측정할 예정이다. 2020년에 가동할 계획으로 되어 있다. 이렇게 중국 원자력 연구소(우리나라의 원자력 연구원과 같은 조직)에서 중이온 물리학, 천체핵물리학, 핵물리학 이론은 물론 순수 핵반응 데이터-중성자 빔에 의한 것이 아님-등에서 주도를 하는 중국의 과학 방향을 주목할 필요가 있다. 우리나라에서 간과하는 것이 중국의 순수과학 분야의 우수성이다. 특히 핵물리학에 있어서는 실험뿐만 아니라 우수한 이론학자들이 다수 존재하며 세계적인 연구 업적을 많이 생산하고 있다. 이러한 점은 러시아도 마찬가지이다.

여기서 원자력 연구소라는 명칭에 대해 일본, 한국, 중국의 경우를 들어 흥미로운 사실을 말해 보겠다. 일본의 원자력 연구소의 명칭은 Japan Atomic Energy Research Institute, 줄여서 JAERI로 불렸다. 현재는 그 명칭이 바뀌었는데 Japan Atomic Energy Agency, JAEA이다. 그러면 우리나라는? KAERI이다. Japan이 Korea로 바뀌었을 뿐이다. 하나 더, 연구소에서 연구원으로 한글 이름은 바뀌게 된다. 한국원자력연구원뿐만 아니라 연구소라는 명칭의 국책 기관들의 이름이 대부분 연구 '원'으로 바뀐다. 우리나라에서만 일어나는 명칭의 형식주의와 그로인한 언어의 인플레이션 현상이다. 물론 중국은 이미 언급했다시피 China Institute of Atomic Energy, 즉 CIAE이다. 이 글을 읽는 독자는 어떠한 생각이 드는지 궁금하다.

일본은 물론 중국과 함께 미래 중이온 가속기 구축 현황 및 활용연구 교환 등에 폭넓은 상호 협동 관계가 구축되어 세계를 이끄는 동북아 3

국 체계가 이루어지길 바라는 마음이 간절하다.

7.2 유럽

유럽은 누구나 인정하는 이 분야의 선두 주자이다. 가속기가 만들어
지기 시작하는 시기부터 다양한 시설들이 들어서기 시작하여 핵물리학
분야를 주도하고 있다. 사실상 유럽에서 중이온 빔에 의한 핵반응 실험
이 대부분 시작되었다고 해도 과언이 아니다. 처음에는 안정동위원소에
의한 중이온 빔 실험들이 다각적으로 이루어졌는데 영국, 프랑스, 독일,

그림 7.7 유럽에서의 중이온 빔 생산 가속기 시설 및 해당 연구소. 구체적으로 표시된 시설들이
중이온 가속기 시설들이다. 이 중에서도 GANIL, GSI 가속기 시설이 희귀동위원소 빔 과학 연구
와 직결된다. 다음의 사이트를 방문하면 유럽 연합의 전체 시설들이 자세히 나온다. http://www.
nupecc.org/

덴마크, 이탈리아, 핀란드 등 헤아릴 수 없을 정도이다. 주로 탄뎀 반데 그라프 가속기와 사이클로트론 가속기가 그 역할을 담당하였다. RI 빔 생산은 프랑스가 주도권을 잡는다. 그 시설이 GANIL이다.

그림 7.7에서 나오는 핵물리학 실험 가속기 시설 중 라온과 밀접한, 다시 말해 희귀동위원소 빔을 생산하는 GANIL과 GSI에 대하여 좀 더 구체적으로 살펴보기로 하자.

7.2.1 프랑스

GANIL

프랑스 정부가 의욕적으로 세계적 연구 성과를 위해 제공하는 대표적 연구시설이다. 핵물리학에서 있어 가장 기본이 되는 핵구조, 핵반응을 수행하기 위한 가속기 복합(accelerator complex) 시설이다. GANIL(Grand Accelerateur National d'Ions Lourds, Caen, France) 가속기 연구 시설은 그림 7.8과 같다. 현재는 보통 GANIL/SPIRAL2로 표기하고 있다. 즉 기

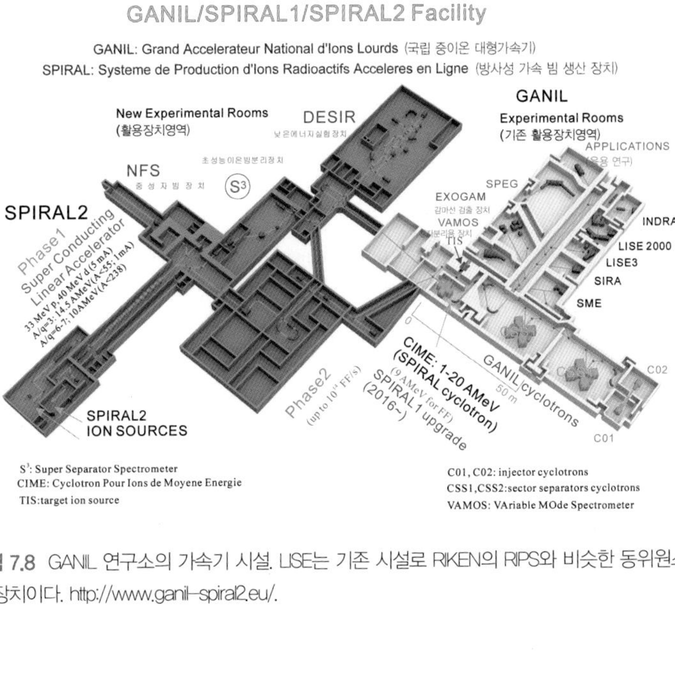

그림 7.8 GANIL 연구소의 가속기 시설. LISE는 기존 시설로 RIKEN의 RIPS와 비슷한 동위원소 분리 장치이다. http://www.ganil-spiral2.eu/.

존의 중이온 빔 가속시설은 GANIL로 희귀동위원소 생산을 주목적으로 하는 SPIRAL(Système de Production d'Ions Radioactifs en Ligne)−2로 나눈다. 물론 이제까지의 RI 빔 생산은 LISE(Ligne d'Ions Super Epluches; Line of Super Stripped Ions)가 담당해 왔다. SPIRAL2가 본격 가동되면 비교적 낮은 에너지 분야에서의 희귀동위원소 빔 과학을 주도할 것으로 예견된다. 따라서 이에 따른 빔 선로와 활용장치들의 면밀한 분석은 장차 RAON의 성공적 구축을 위한 밑거름이 될 것으로 기대된다.

주요 연구 시설과 활용연구 분야는 다음과 같다.

- 최상 이온 빔 분리 장치(Super−Separate Spectrometer; S³): 무거운 이온들의 전하 상태를 고도로 분리하여 원하는 희귀동위원소를 얻는 분리 장치이다. 특히 이 분광기는 초중핵 원소를 합성하는 역할을 한다. 장차 RAON에서 이러한 초중핵 탐사를 위한 시설을 구축하는 데 중요한 이정표가 되는 중요한 시설이다.

- 방사성핵종 저장 장치(Disintegration, Excitation and Storage of Radioactive Ions; DESIR): 저에너지 희귀동위원소 빔을 이용하여 가장 기본적인 원자핵의 성질을 규명한다. 핵의 질량, 반감기, 베타 붕괴 성질들이 이에 속한다. 이를 바탕으로 별의 진화, 중성자별의 구조 등이 밝혀지며 원소합성의 비밀을 파헤칠 수 있다. 가장 중요한 시설이며 RAON에서도 궁극적으로 이와 같은 시설이 구축되어야 할 것으로 본다.

- 중성자 과학 장치(Neutrons For Science; NFS): 소위 중성자 물리학을 위한 시설이다.이른바 학제간(Interdisciplinary) 연구−핵물리학, 재료과학, 공학 등−를 위한 최적의 장치이다.

- 동위원소 이온 분리장치(Ligne d'Ions Super Epluches; Line of Super Stripped Ions; LISE): 이미 35년 전부터 사용되는 중이온 빔 라인이며 희귀동위원소 빔(RIB)도 생산하는 세계적인 시설이다. KoBRA를 연상하면 이해하기 쉽다. 핵반응, 핵구조, 핵매질, 천체핵물리학 관련 각종 핵반응 수행을 하고 있다. RIKEN의 RIPS, BigRIPS,

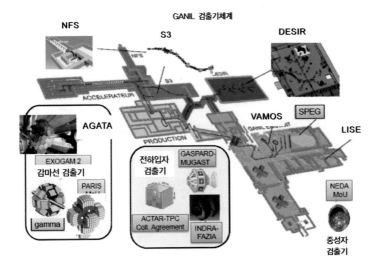

그림 7.9 GANIL의 검출기 체계들. 다양한 검출기들이 감마선, 전하입자, 중성자 등의 관측 분광기 역할을 담당한다. 라온이 갖추어야 할 장치활용 측정기들이다. http://www.ganil-spiral2.eu/.

MSU의 NSCL, GSI의 FRS 시설과 비슷하며 거의 대등한 연구결과를 도출하고 있다.

그림 7.9는 GANIL이 확보 중인 핵반응 검출 장치들이다. 라온에서도 앞으로 이와 같은 다양한 검출기들을 확보해야 한다. 질적인 연구 결과와 직결되기 때문이다. 아울러 시급한 과제 중 하나가 이러한 검출 체계를 다룰 수 있는 젊은 과학자 육성이다.

7.2.2 독일

GSI

보통 GSI(Gesellschaft für Schwerionenforschung mbH) 헬륨홀츠 중이온 연구소라 한다. 세계적으로 잘 알려진 중이온 가속기 연구 사설이다. 상대적으로 높은 에너지, 핵자당 1000 MeV의 에너지를 만들어 원자핵을 이루는 핵자 속의 구조와 매질을 연구한다. RAON에 비해서는 에너지가 높은 영역을 다룬다. 희귀동위원소 빔은 이미 FRS(the Fragment

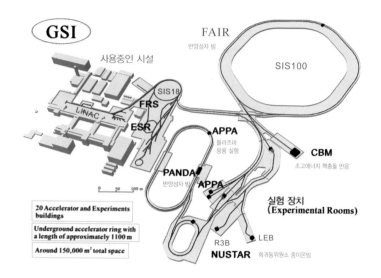

그림 7.10 독일 헬륨홀츠 중이온 가속기 연구소 시설. 사용중인 시설에서 FRS가 빔 비행 파편 동위원소 분리기이다. RIKEN RIBF의 RIPS혹은 BigRIPS와 유사한 활용 장치이다. https://fair-center.eu/

Separator)에서 생산하면서 많은 실험들이 수행되어 왔다. **FRS도 대표적인 비행 파편(projectile fragment) 동위원소 분리장치이다.** 마치 GANIL의 LISE 입장과 같다. FAIR는 미래의 시설로 의욕적으로 추진되고 있는 유럽최고의 빔 입사 시설이다.

FAIR(The Facility for Antiproton Research): 유럽의 가속기 장기 계획도(Roadmap) 중 가장 중요한 기획 사업이다. 10개국이 참가 중이다. 이 시설은 다음의 네 가지 과학 꼭지들(pillars)에 대한 실험 프로그램을 수행하는 유일한 가속기 복합시설(complex)이다.

1. APPA(atomic, plasma and applied physics): 원자, 플라즈마, 응용 물리학 분야. RAON의 활용연구 확장에 직접적으로 연관되는 중요한 시설이다.

2. CBM(quarks and hadrons in extreme conditions): 핵자(양성자 및 중성자) 내부 구조를 이루는 쿼크 및 핵자 자체의 성질 및 매질 상태 연구.

중성자별의 중앙 내부 구조를 규명하는 길잡이 역할을 한다.

3. NUSTAR(nuclear structure, reactions and astrophysics): 핵구조, 핵반응, 천체물리학 분야 시설. RAON의 활용연구와 직결되는 가장 밀접한 장치이다.

4. PANDA(exotic hadron structure and behaviour): 핵자 너머에 있는 강입자 구조 및 성질 연구를 한다.

위 활용 장치 중 RAON의 활용연구 장치와 가까운 것은 NUSTAR이며 응용분야인 경우 APPA이다.

7.2.3 유럽연합

CERN-ISOLDE

CERN은 'Conseil Européenne pour la Recherche Nucléaire'의 약자이다. 영어가 아니라 프랑스어이다. 영어로 하자면 European Organization for Nuclear Research이다. **유럽 연합 핵물리 연구소**라는 뜻이다. 아마도 이 글을 읽고 있는 독자들 중 CERN-우리나라에서는 이를 보통 '선'이라고 발음한다-이라는 말을 들어본 적이 있을 것으로 생각한다. 새로운 입자를 발견하여 노벨상을 받았다는 뉴스가 나오기 때문이다. 핵물리 연구소라 하지만 실제적으로는 핵을 이루는 핵자들, 즉 양성자와 중성자의 속을 들여다보는 실험을 주로 한다. 혹은 중이온 빔을 아주 높은 에너지로 서로 충돌시켜 극도로 밀도가 높은 핵 매질의 성질을 연구하는 실험을 한다. 이러한 영역을 강입자 물리학(hadron physics)이라고 한다. 입자 물리학이라는 영역과 대비되지만 사실상 고에너지 물리학의 범위라고 보면 된다. 여기서 다루는 중이온 가속기는 실상 핵자로 이루어진 원자핵의 구조와 매질 그리고 서로의 핵반응에 따른 원소합성의 영역과는 사뭇 다르다. 이 점 주의 바란다. 다만 CERN 시설 중 ISOLDE가 바로 여기에서 다루는 주제와 부합되는 시설이다.

그림 7.11을 보자. CERN 가속기 시설 전체와 ISOLDE의 위치가 그려져 있는 것을 볼 수 있을 것이다. ISOLDE는 라온에 있어서 ISOL 이온원을 출발점으로 하여 KoBRA에 이르는 영역과 비슷하다. 그러나

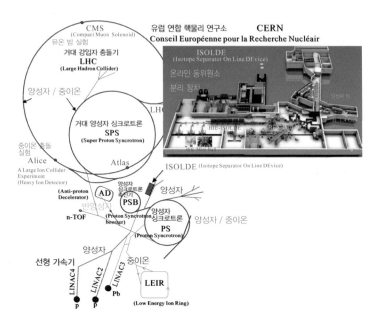

그림 7.11 유럽 연합 핵물리 연구소(CERN)와 ISOLDE. ISOLDE는 ISOL 장치(Device)를 말한다. CERN은 고에너지 핵물리 혹은 입자물리 실험을 주요 목적으로 하는 거대 원형 가속기(싱크로트론) 시설이다. ISOLDE는 양성자 빔을 받아 우라늄 표적을 사용하여 희귀동위원소 빔을 생산한다. HIE-ISOLDE는 고강도-고에너지의 희귀동위원소 빔을 생산할 수 있는 새로운 시설이다. https://isolde.web.cern.ch/

ISOLDE는 라온에 비해 에너지가 비교적 낮다. 우리나라 사람들은 이러한 과학 영역에 종사하는 학자들도 무조건 높은 에너지를 선호하는 경향이 있다. 그러나 에너지 영역에 따라 연구의 방향과 그 내용은 다르며 오히려 낮은 에너지에서 더 질적인 연구 결과가 나오기도 한다. 이점 역시 지은이가 여러 번 강조하는 중요한 사안이다.

ISOLDE에서의 핵물리 연구 업적은 실로 대단한 편이다. 새로운 불안정 핵종 발견, 새로운 베타선 붕괴 길, 다양한 핵반응 등에 있어 핵 주기율표인 핵도표에 ISOLDE에 의한 결과들이 즐비하다. 여기에서는 자세한 연구 주제와 그 실험들에 대해서는 생략하기로 한다. 국내 젊은 과학자들에게 강력 권할 수 있는 희귀동위원소 시설 중 하나이다.

7.2.4 러시아

JINR

러시아는 이 분야에 있어 서양과 대비되는 다른 편의 핵심 국가이다. 특히 원자력 에너지 분야에서는 일찍부터 독립적인 체계를 갖추어 연구와 실험이 활발하게 이루어져 왔다. 대표적인 기관이 **합동 핵연구소**(Joint Institute for Nuclear Research; JINR)이다. 앞으로 이 연구소를 JINR로 표기하기로 한다.

사실 JINR은 거대 연구소이며 다음과 같이 7개의 큰 실험연구실로 구성되어 있다. 비록 각각의 연구실이 마치 실험실(laboratory)로 표기되어 있지만 하나하나가 우리나라의 독립적 연구소에 버금간다. 덧붙인다면 유럽연합의 CERN과 필적하는 시설로 러시아도 이 점을 강조하고 있다. 이름 자체가 CERN과 거의 동일한 의미를 가진다. 두 곳 모두 입자 물리학이 아니라 핵물리학이라는 명칭에 주목 바란다.

1. 플레로프 핵반응 실험실(Flerov Laboratory of Nuclear Reactions) (그림 7.12)
2. 베크슬레르/발딘 고에너지 실험실(Veksler and Baldin Laboratory of High Energy Physics)
3. 프랑크 중성자 물리학 실험실(Frank Laboratory of Neutron Physics)
4. 드체레포프 핵문제 실험실(Dzhelepov Laboratory of Nuclear Problems): 핵재처리 연구
5. 보골리우보프 이론 물리학 실험실(Bogoliubov Laboratory of Theoretical Physics)
6. 방사성 생물학 실험실(Laboratory of Radiation Biology)
7. 정보 기술학 실험실(Laboratory of Information Technologies)

위와 같은 실질적 연구실 차세대 연구자 육성과 국제협력을 위한 교육 기관으로 JINR 대학 센터(JINR University Center)가 있다.

JINR에서 중이온 가속기와 희귀동위원소 빔 실험과 관련되는 연구실은 물론 플레르보 핵반응 실험실이다. 특히 이 연구실에서 많은 초중핵

원소를 합성하여 러시아의 이름을 드높인 것은 유명하다. 그림 7.12가 플레로프 핵반응 연구실 가속기 시설이다. 라온 시설에 대비되는 장치들이 즐비하다. 여기서 DC-280, U-400, U-400M, IC-100 등은 모두 사이클로트론 가속기이다. 러시아인 경우 우리나라에서는 순수 과학 연구 영역에서 교류가 부족한 편이다. 앞으로 라온 시설의 발전을 위하여 폭넓은 교류가 이루어지길 기대한다.

이 연구실의 주요 연구 목표는 초중핵원소 발견 및 구조 연구, 가벼운 특이 핵 연구 등이다. 아울러 중이온 빔에 의한 방사성 물리, 방사성 화학, 나노기술 연구 등에서 뛰어난 연구 결과를 내고 있다. 그림에서 보듯이 비행 파편 동위원소 분리기가 두 대 설치되어 있는데 특히 질량수 20 이하의 비교적 가벼운 희귀동위원소 핵의 특이한 성질 연구에서 이름을 높이고 있다.

이 연구실의 진가는 뭐니 뭐니 해도 초중핵 원소합성에 있다. 이제까지 이 연구실에서 발견한 새로운 초중원소들(Super Heavy Elements)은 다음과 같다.

- **두브늄(dubnium; Db, 원자번호 105)**: 두브나(Dubna) 지명을 땄으며 바로 JINR 소재 도시 이름이다.
- **플레로퓸(Flerovium; Fl, 원자번호 114)**: 플레로프 인명. 본 플레로브 연구 시설명과 같다.
- **모스코비움(Moscovium; Mc, 원자번호 115)**: 모스크바 지명.
- **리베르모리움(Libermorium; Lv, 원자번호 116)**: 미국 리버모와 연구소명. 미국과의 공동 연구 산실을 나타낸다.
- **테네신(Tennessine; Ts, 원자번호 117)**: 인명.
- **오가네손(Oganesson; Og, 원자번호 118)**: 인명. 생존해 있으며 초중핵 발견 실험 주도자이다.

아마도 이 글을 읽고 있는 독자들이 놀랄 것으로 생각한다. '이렇게 많은 원소를 러시아에서 합성하고 그 이름을 붙이다니!' 하면서 말이다. 앞에서 나온 주기율표를 다시 보기 바란다. 그런데 위에서 보면 113번

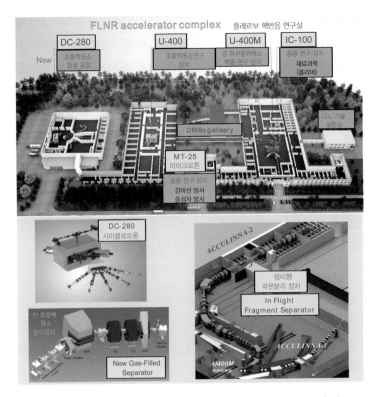

그림 7.12 러시아 JINR의 플레로프 가속기 연구 시설. http://flerovlab.jinr.ru/flnr/

이 빠져 있는 것을 알 수 있을 것이다. 113번의 이름이 '일본'이라는 뜻인 니호늄(Nihonium)이다. 일본(日本)의 일본식 한자 발음이 '니혼'이다. 덧붙여 말하자면 이 113번의 원소합성을 두고 러시아와 일본이 서로 우리가 성공했다라고 주장하면서 장시간 원소명 부여가 보류되었었다. 최종적으로는 일본에 그 발견의 공이 돌아갔다.

라온을 통하여 새로운 원소를 합성하기 위해서는 넘어야 할 산들이 많다. 그림 7.12에서 보면 FLNR에 새로운 초중핵 합성 시설이 들어서 있다는 사실이 눈에 들어올 것이다. 2018년도에 시운전을 하였다. 물론 119번, 120번 등의 초중핵 원소합성을 위한 시설이다. 일본 역시 이 경쟁에 뛰어든 상태이다.

다음으로 눈여겨 볼 연구 분야가 응용 영역이다. 그림에서 보면 IC–100 사이클로트론과 마이크로트론 장치가 이에 해당됨을 알 수 있다. IC–100 사이클로트론은 핵자당 1 MeV 정도의 에너지를 가지는 네온(Ne), 아르곤(Ar), 철(Fe), 요오드(I), 제논(Xe), 텅스텐(W) 등의 빔을 생산하다. 이러한 빔들은 재료들에 대한 중이온 빔 상호 작용 연구에 이용된다. 이를 통하여 폴리머나 반도체 등의 변화 연구와 함께 우주선에 탑재되는 전자 장치 등에 대한 면밀한 영향성을 조사한다. 대단히 중요한 연구이다. 고부가가치 기술 확보에 직결되기 때문이다. 그리고 마이크로트론인 경우 고에너지 빛인 감마선을 생산한다. 더욱이 중성자 빔도 생산한다. 감마선의 방사와 빠른 중성자 빔의 방사에 따른 재료들의 영향 등을 연구한다. 이 역시 차세대 원자로 및 원자력 발전 기술에 직결되는 재료 평가성 연구들이다. 우리가 나가야 할 가속기 응용 방향성을 보여준다.

JINR에서 가장 큰 가속기 시설은 고에너지 물리학을 위한 시설이다. NICA라고 부른다(그림 7.13). 핵자 충돌 거대 가속기의 시설로 핵자들의 속, 그러니까 양성자나 중성자의 내부 매질의 성질을 보고자 하는 고에너지 원형 가속기 시설이다. CERN의 원형가속기가 추구하는 연구 목

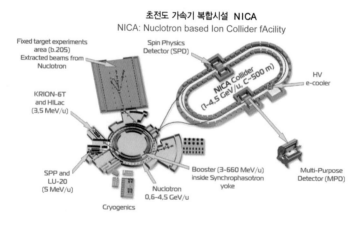

그림 7.13 고에너지 물리학 실험을 위한 초전도 가속기 시설. https://nica.jinr.ru/

적과 비슷하다. 현재 건설 중이다. 극한 핵자 매질 연구를 위한 중이온 충돌 실험과 이를 뒷받침하는 검출 체계 등에 있어 공동 연구를 할 분야가 많다.

7.3 북아메리카

7.3.1 미국

미국에는 수많은 가속기가 설치되어 운영되고 있다. 보통의 탄뎀형 반데그라프, 사이클로트론에 의한 중소형 연구 시설은 물론 입자 물리학(최근에는 고에너지 물리학으로도 부른다)을 위한 초거대 선형 가속기 혹은 원형 싱크로트론 가속기 시설들이 즐비하다. 이러한 거대 가속기 시설들은 말할 것도 없이 입자 물리학, 다시 말해 원자핵을 이루는 입자들이 아닌 기본 입자들의 연구를 위한 시설들이다. 여기에서는 피하고 간다.

그러면 중이온 가속기 시설 그것도 희귀동위원소 빔 생산 연구소는 어디에 있을까? 두 군데가 있다. 하나는 미시간 주립대학에 설치된 국립 초전도 사이클로트론 시설(National Superconducting Cyclotron Laboratory; NSCL)이며 다른 하나가 아르곤 국립연구소(Argon National Laboratory; ANL)의 가속기 시설이다. 이 중에서 NSCL 시설이 사실상 희귀동위원소 빔 가속기 본류이다. 지난 30여 년간 NSCL, GANIL, RIKEN이 분야에서 3총사 역할을 해왔다. 그리고 RIKEN의 RIBF를 선두로 다시 경쟁이 시작되어 새로운 희귀동위원소 가속기 시설들이 구축되고 있다. 여기서 다루고자 하는 FRIB, 즉 희귀동위원소 빔 시설(Facility for Rare Isotope Beams)은 미국에서 의욕적으로 추진하는 국가적 중요 실험 시설이다.

그림 7.14는 미시간 주립대학의 캠퍼스와 NSCL 그리고 FRIB의 위치 및 시설에 대한 개요도이다. FRIB은 새로운 이온원과 초전도 선형 가속기를 필두로 하여 기존의 빔 라인 시설들을 아우르게 된다. 두 대의 초전도 사이클로트론은 새롭게 태어나는 초전도 선형 가속기들에게 가속기의 자리를 내주게 된다. 이 시설은 2022년도부터 가동이 시작될 것으로 예견되고 있다.

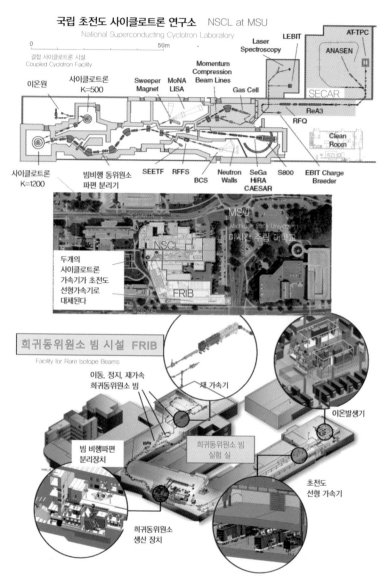

그림 7.14 미국의 국립 초전도 사이클로트론 연구소와 희귀동위원소 빔 시설, FRIB, 미시간 주립 대학에 있으며 미국 에너지 성(department of energy) 관할 국가 연구시설이다. 이온 발생기, 초 전도 선형 가속기, 빔 비행 파편 분리기 등은 라온 시설과 비슷하다. 기존의 두 대의 사이클로트론 은 FRIB에서 초전도 선형 가속기로 대체된다. https://frib.msu.edu/

초전도 선형 가속기는 세대가 설치된다. 마치 라온에서 SCL 1, 2, 3가 계획되었던 것과 비슷하다. 그리고 이미 사용되고 있는 실험 장치와 그 실험실들은 새롭게 단장된다. 특히 천체핵물리학과 관련된 별에서의 원소합성 실험들이 의욕적으로 추진된다. 물론 핵 구조와 핵 매질에 대한 다양한 실험들도 계획되어 있다. 이러한 실험들에서 특히 중요한 것이 검출기 확보이다. 검출기 체계의 중요성에 대해서는 이미 유럽의 시설들을 다룰 때 강조한 바가 있다. 미국에도 유럽과 같이 많은 검출 분광 체계들이 이미 확보되어 있는데 그 중에서도 감마선 검출 장치가 유명하다. 그 이름이 GRETA인데 게르마늄 검출기에 기반 된 360도 전체를 둘러싸는 초민감 감마선 측정 장치이다. 2025년도에 완성된다. 그리고 그림 7.14에서 NSCL 빔 선로(beam line) 중 SECAR가 보일 것이다. 일종의 되튐 분광 장치로 원소 합성 핵반응을 측정하는 곳이다. 가장 중요한 장치 중 하나이다. **라온에서는 KoBRA가 이러한 역할을 담당하는데 아쉽게도 되튐 분광기에 해당되는 빔 선로 장치와 속도분리기가 예산상의 이유로 제외**되었다. 아쉬운 대목이다. 그리고 이동, 정지, 재가속 희귀동위원소 빔(fast, stopped, re-accelerated beams)이라는 영역이 있는데 이러한 종류의 빔들이 확보되어야 입체적인 실험들이 가능하다는 점을 강조해 둔다. 활용장치와 그에 따른 연구 주제들에 대한 자세한 설명은 피하도록 하겠다.

그 대신 주목해야 할 중요한 사실을 언급하고자 한다. 그것은 우리처럼 FRIB이 2022년도에 갑자기 시작하는 것이 아니라 기본의 시설을 바탕으로 RI 빔 생산과 실험들이 이어진다는 점이다. 사실 현재의 NSCL 가속기 시설만으로도 희귀동위원소 빔 종류와 세기에는 일본의 RIBF에는 뒤지지만 연구 결과의 질적인 면은 결코 떨어지지 않는다. 따라서 FRIB이 본격적으로 가동되어 실험이 시작되면 최고의 실험 결과들이 줄을 이을 것으로 예상된다. 우리 라온인 경우 본격적인 RI 빔 실험은 앞으로도 한참 후에 실현될 것으로 추측된다. 이러한 현실을 고려했을 때 라온의 성공적인 구축에 온 힘을 모아야 한다. 특히 양질의 연구자 확보가 급선무이다. 아무리 뛰어난 시설을 갖추고 있어도 이용자의 능력이 부족하면 아무쓸모가 없기 때문이다. 본 지은이가 가장 우려하는 점이다.

7.3.2 캐나다

캐나다의 대표적 가속기 시설은 TRIUMF이다. 우선 도대체 TRIUMF가 무슨 뜻인지부터 알아보자. TRIUMF는 the Tri-University Meson Facility의 약자이다. '세 개 대학 메존(빔) 시설'이라는 의미이다. 여기서 3개의 대학은 캐나다 벤쿠버 시가 속한 주에 있는 대학들이다. 그럼 메존(중간자라는 뜻)은 무엇인가? 앞에서 여러 번 나온 뮤온 빔의 어미핵인 파이온을 말한다. **중간자**인 파이온이 붕괴되면서 뮤온이 나오기 때문이다. 그럼 왜 메존 생산 가속기 시설일까? 그것은 이 가속기 시설 자체가 처음부터 입자물리학을 위한 시설이었기 때문이다. 즉 사이클로트론을 통하여 고에너지 양성자 빔을 만들어 메존 빔을 생산하고 이 메존에 연관된 입자물리학을 연구하기 위해서이다. 물론 양성자 빔에 의한 핵반응 실험도 병행된다. 이 사이클로트론은 설치 당시 세계에서 가장 규모가 큰 시설 중 하나로 핵물리학 교과서에도 자주 등장할 정도로 유명한

그림 7.15 TRIUMF 가속기 시설의 사이클로트론 완성 모습. 바람개비 형태이다. 지금은 방사성 방지를 위하여 콘크리트로 둘러싸여 볼 수 없다.

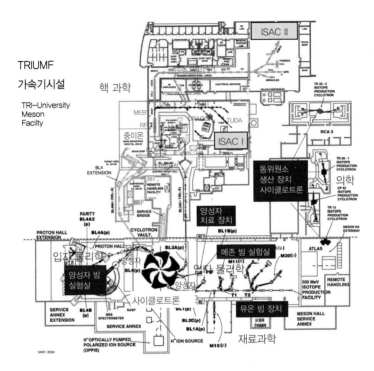

그림 7.16 TRIUMF 가속기 시설. 주 사이클로트론을 중심으로 아래 영역이 양성자 빔에 기반되는 입자물리학 실험실들이다. 메존은 중간자의 뜻이다. 메존은 고에너지 양성자 충돌에 의해 나오며 다시 메존 붕괴를 통하여 뮤온 빔이 생성된다. 뮤온 빔을 이용한 재료과학 장치가 이곳에 설치되어 있다. 라온 시설에 있는 것과 같다. ISAC 시설은 라온 시설과 비슷한 점이 많다. 의료용 방사성 핵종을 생산하기 위하여 여러 개의 사이클로트론을 운영하는 것이 특징이다. https://www.triumf.ca/research-program/research-facilities/isac-facilities

가속기이다. 분리 섹터 형으로 마치 바람개비처럼 생겼다(그림 7.15).

그럼 ISAC은 또 무엇일까? ISAC은 Isotope Separator and ACelerator 의 약자이다. 이 시설은 양성자 빔을 입사 빔으로 하여 ISOL 장치를 가동시켜 희귀동위원소 빔을 만드는 장치이다. 라온의 ISOL 장치를 연상하면 된다. 사실 ISAC은 CERN의 ISOLDE의 위치와 비슷하다. 그림 7.16에서 이러한 TRIUMF의 가속기 시설의 다양한 빔 선로들과 함께 활용 장치들이 복잡하게 얽혀 있는 것을 볼 수 있다. ISAC I에서 유명한 장치가 DRAGON이다. 이름들이 참 근사하다. 이렇게 학자들도 장치는 물론 새로운 입자들에 사람들의 이목을 얻기 위해 좀 무리하게 이름을 붙이기도 한다. 어쩔 수 없는 인간의 성향이라 하겠다. 이 장치는 라온의 KoBRA(이 이름 역시 주목을 받기 위한 이름이다!)와 일면 상통되는 동위원소 분리기이다. 자세한 것은 언급을 피한다.

ISAC II는 초전도 선형 가속기를 새로이 설치하여 희귀동위원소 빔을 얻고자 구축되는 장치이다. 초전도 선형 가속기에 있어 라온이 벤치마킹 한 가속관이다. 추구하는 과학 영역은 라온과 거의 일치한다.

닫는 글

우리는 여름밤하늘의 별을 보면서 가속기에 얽힌 이야기를 시작하였다.
이제 겨울 별자리를 보면서 마무리한다.
그림의 밤하늘은 2030년 12월 25일 밤 9시의 별들의 행진 모습이다.
10년 후의 밤하늘이다.
겨울이 되면 싸한 밤하늘을 오리온자리가 나타나 우리를 반긴다.
10년 후에는 우리나라 공기가 맑아지고
밤하늘을 보는 문화가
폭넓게 퍼져있기를 그려본다.

더욱이
이 글을 읽은 멋진 젊은이가
10년 후 대학자가 되어
12월 25일 밤하늘의 토성과 천왕성을 알아보고선
지은이를 기억해준다면 큰 영광이겠다.
그리고 그때면
라온은 세계적 명성을 얻은 가속기 시설로

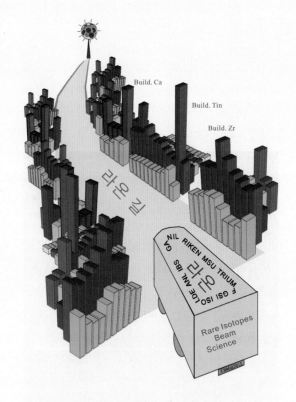

시리우스별처럼 빛나고 있을 것이다.

부록

1. 전문 용어 표기

일반적으로 과학 및 공학 영역에서 문제가 되는 것 중 하나가 전문 용어의 부적절한 표기라고 할 수 있다. 그러한 부적절한 용어의 등장은 과학 및 공학의 전문 용어 자체가 원래 외국어에서 비롯되어 그것을 우리나라말로 번역을 하기 때문이다.

한글은 영어(A, a 등을 생각해보라)와 일본어(세 가지 형태로 문장을 표현함. 카타카나, 히라카나, 한자)와는 달리 글자 형태가 오직 하나이다. 특히 **한자 병용을 폐지하고 난 다음에는 문장의 뜻을 전하는 데 상당한 제약**이 따르고 있다. 그러함에도 과학 사회에서는 전문 용어를 한글 표현에는 전혀 맞지 않는 일본식 한자 용어를 그대로 들여와 다반사로 사용되고 있는 실정이다.

더욱이 **한글 사전에는 없는 단어들이 수두룩하게 나와 일반인은 물론 해당 학계가 아닌 전문가가 보기에도 이해하기 어려운 실정**이다. 더욱 큰 문제는 이러한 일본식 한자 용어가 자칫 사람들에게 불편함은 물론 용어에 대하여 거부감을 불러일으킬 수 있다는 점이다. 그런데 더욱 우려스러운 일은 전문가들 중 간혹 미국식 영어 발음을 지나치게 강조하여 한글 표현에까지 적용하려는 태도와 분위기라고 할 수 있다.

'이렇게 학문에 사용되는 전문 용어 하나 우리말과 우리글로 제대로 표현하지 못하면서 그리고 그 언어의 전달성을 인식하지 못하면서 학자들이 어떻게 창조적인 연구 결과가 나올 수 있을까?' 고 반문해본다.

여기에서는 과학 사회에서 통용되거나 아니면 암묵적으로 수용되어 사용하고 있는 용어와 고유 명사 중 원래 가지고 있던 의미를 다소 희석시키는 것들을 지적하여 다시 한번 언어가 갖고 있는 중요성을 부각시키고자 한다.

• **Ion Source**: 이온원으로 해석된다. 여기서 원은 한자의 源이다. 우리나라 말로 '샘'이다. **이온샘**으로 하는 편이 낫다고 본다. 그러나 정확한 의미는 이온 발생기 혹은 이온 발생장치이다. 여기에서는 **이온 발생기**로 하였다.

- **Charge**: **전하**(電荷)이다. 종종 하전이라는 단어를 사용하는데 적절하지 않은 용어이다.

- **Electric Field**: 말 그대로 **전기장**이다. 물론 장(場)은 field의 마당이라는 한자말이다. 종종 공학사회에서 전계(電界)라는 용어를 사용한다. 일본에서도 가끔 쓰이는 용어를 무분별하게 가져다 쓴 결과이다. 전기장이 옳은 표현이다.

- **Magnetic Field**: **자기장**이다. 자계가 아니다.

- **Linear Accelerator**: 선형 가속기라고 부른다. Linear라는 영어가 문제이다. 일차의 선을 의미하며 여기에서는 사실상 직선의 뜻이다. 선형(線形)이라는 단어 역시 한자말이다. **직선 가속기**가 의미 전달에서는 정확한 용어이지만 굳어진 말이라 **선형**으로 해석하였다.

- **Circular Accelerator**: **원형** 가속기이다. Linear, 즉 직선에 대비되는 단어이다.

- **Nucleus**: 핵(核)이라고 한다. 여기에서는 원자의 핵을 뜻하나 이 단어는 일반단어로 세포핵 등에도 적용된다. 순 우리말로는 씨이다. **핵** 또는 필요한 경우 **원자핵**이라고 했다.

- **Fragmentation**: Fragment는 부서지다, 쪼개지다의 뜻으로 파편을 뜻한다. 그러나 보통 파쇄(破碎)로 번역된다. 파쇄는 산산히 부수어 잘개 나눈다는 뜻이다. 그런데 이 분야에서는 **spallation**이라는 영어도 나온다. 큰 에너지로 핵을 때려 그야말로 잘개 부수어 나오는 핵반응을 가리킬 때 사용된다. 이 경우에가 파쇄라는 단어가 적절하다. 따라서 여기에서는 파쇄가 아닌 **파편**으로 하였다. **조각**이라야 가장 알맞다.

- **In−Flight**(Projectile−Fragmenation) **Isotope Separator**: 동위원소 분리기의 일종으로 이온 빔을 표적 원소에 때려 나오는 파편들을 골라 특정의 동위원소를 골라내는 장치이다. 여기에서는 **빔 비행 동위원소 분리기**(혹은 장치)라고 하였다. 차라리 **희귀동위원소 발생장치**라고 하는 편이 낫다고 본다.

- **Isotope Separator On Line(ISOL)**: 그냥 ISOL(아이솔)로 부른다. 이 용어는 자연 광물 속에 들어 있는 특정의 방사성동위원소를 고르는

고전적인 방법(큐리 부인이 유명함)이 off line을 의미했을 때에 대한 대비어로 on line을 사용된 경우이다. 번역하기 어려운 용어이다.

- **Visible Light**: **가시광선**으로 부른다. 볼 수 있다는 뜻의 한자말 **가시**(可視)가 사용된 경우이다. 잘못하면 뾰족한 가시로 볼 수 있다. 이렇게 한자가 쓰이지 않으면 오해될 수 있는 단어들이 수두룩하다. 우리 눈이 인지할 수 있는 전자기파 영역의 빛이다. 일반사회에서는 빛이라 함은 가시광선을 의미한다.

- **Frequency**: **진동수**이다. 공학에서 혹은 일반사회에서는 **주파수**로 불린다. 과학적으로는 진동수가 정확한 표현이나 둘 다 혼용하여 사용했다.

- **White Dwarf**: **백색왜성**이라고 부른다. 여기서 dwarf는 아주 작다는 뜻이다. 한자로 왜(矮)라 한다. 하얀 난장이별이 낫다. 그러나 둘 다 사용하기로 한다.

- **Red Giant**: **적색거성**이라고 부른다. 물론 한자말이다. **붉은 큰별**의 뜻이다. 둘 모두 사용하였다.

- **System**: 보통 계(系)라고 부른다. 그러나 여기에서는 '체계'라고 하였다. 그냥 한글로 **계**라고 하면 언어의 의미가 모호해지기 때문이다. 다만 구체적인 체계 예를 들면 solar system인 경우에는 태양'계' 등으로 표현하였다.

- **Plasma**: 공식 사전에는 '플라스마'로 나와 있다. 그러나 여기에서는 **플라즈마**로 명기하였다.

- **Potential Energy**: 보통 '위치에너지'라고 번역하여 사용하고 있다. 오해를 불러일으키는 대표적 용어이다. 여기에서는 '퍼텐셜 에너지'로 사용하였다.

- **Flux**: 보통 '선속(線束)'으로 번역된다. 일본식 한자이다. '다발'로 표기하였다.

- **Dose**: 선량(線量)이라고 한다. 참 어려운 한자 용어이다. 약의 복용량 등에 사용되는 영어이다. 이해하기 쉽도록 '방사선량'으로 했다.

- **Binding Energy**: 원자핵에서 핵자들에 대한 binding energy를 보통 결합에너지라고 표기하고 있다. 그러나 엄밀하게는 '구속'이라는 단

어가 더 옳다. 결합이라 함은 coupling이라는 의미가 더 강하기 때문이다. 용수철에 있어 결합상수(coupling constant)와 결합에너지(binding enegy)를 대비해보면 그 모순점이 드러난다. 혼동이 초래되지 않은 범위에서 결합에너지와 구속에너지를 혼용하여 사용하였다.

여기에서 한 가지 더 지적하고 싶은 것은 우리나라 한글 표준어 맞춤법에 대한 현실과의 괴리성이다. 예를 들면 대푯값, 최댓값 등이다. '대표값' '최대값' 등은 현재 표준어가 아니다. 그럼 초가집은 또 어떤가? '자장면'을 고집했던 한글 학자들의 접근만큼이나 아쉬운 대목이다. 지은이인 경우 **몇일**이 표준어가 아니라 **며칠**이 표준어임을 알았을 때 상당한 충격을 받았던 기억이 새롭고, 이러한 것들이 공무원 시험 등에 함정을 파놓듯이 출제되었었다는 사실들이 우리를 슬프게 한다. 우리는 보통 625를 유기오라고 부른다. 그러나 우리나라 말의 구조에 맞추려면 사실 융이오−실사와 실사 사이에는 절음이 되면서 자음동화작용인 자음접변이 일어남−라고 발음해야 한다. 그러나 그냥 육이오라고 적지 않는가? 맛있다와 맛없다를 보자. 보통 맛있다는 '마싣다'로 발음하며(연음법칙 작용) 맛없다는 '맏업다'−자음접변에 따른 절음법칙 작용−로 발음한다. 사실상 맛있다는 '맏읻다'로 발음되어야 문법적으로 맞다. '있다'와 '없다'는 뜻이 있는 실사이기 때문이다. 그러나 그 말이 굳어졌다고 '마싣다'로 표기되지는 않지 않는가? 하나 더! 사람 이름인 경우이다. 예를 들면 Sug Yul이라는 이름을 보자. 실제 발음은 Sung Yul이 된다. 절음이 되면서 자음동화작용이 일어나는 경우−'기역(g)'이 '이응(ng)'으로 되는 현상−이다. 이를 Su Gyul이라 발음하는 것은 잘못된 것이다.

2. 진단 영상장치

방사성핵종인 특수 동위원소들은 병원에서 폭넓게 사용되고 있다. 즉 병의 진단용으로 사용이 되는데 이때는 빔으로 사용되는 것이 아니라 마치 약물처럼 몸속에 투여되어 그 기능을 발휘한다. 물론 여기에서 다루는 엑스선은 예외이다. 예를 들면 암 치료를 위해 받는 진단용 검사 종목은 초음파, X-ray, CT, 핵의학(뼈검사; bone scan), MRI 등이다.

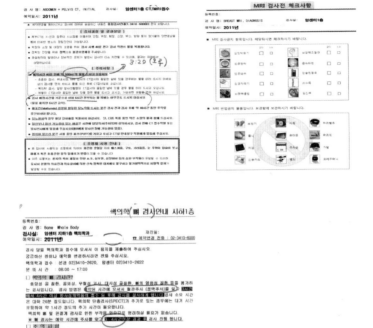

그림 A1 암 진단을 위해 실시된 다양한 검사 안내서.

표 A1 의학용 영상장치들에 대한 쓰임새와 대비표.

	초음파 검사 (ultra sono graphy)	엑스선 영상 (X-ray imaging)	컴퓨터 단층 촬영 (X-ray transmission computed tomography; CT)	방사성 동위원소 영상 (radioisotope imaging)	자기 공명 영상 (magnetic resonance imaging; MRI)
뼈	부적합	최적합	정교한 영상 시	초기 진단시 유용; 전체 암진단 시	특별한 경우 외는 부적합
뇌	부적합	제한적임	MRI를 위한 뼈의 영상 제공에 적합	부적합	최적합
가슴	부적합	최적합; 폐 영상	정교한 영상 시 적합	최적합; 공기 및 혈류의 기능 연구	제한적임
심장 및 혈액 순환	최적합	needs contrast medium(조영제)	제한적; 디지털 영상법으로 진보	혈류 연구에 적합	적합; 상세한 영상 가능
연(한) 조직; 근육, 힘줄, 관절 등	가능. 단 뼈 있는 곳은 불가능	적합하나 낮은 대조비(poor contrast)	적합; MRI에 뼈 영상 제공	적합; 기능 정보 제공	최적합; 근육, 힘줄, 연공조직 등
연조직; 복부	최적합; 특히 조산(산파)술	적합하나 조영제 필요	적합; 전체 복부 영상	적합; 간장, 신장(콩팥)의 기능성 연구. 종양 성장 연구.	별로 사용안됨. 특별 부위에 대한 정교한 영상 가능.
안전성	안전	낮은 방사선량	높은 방사선량	방사성핵종에 의한 보통의 방사선량	심장박동기, 임플란트 등에 위험. 밀실공포증 유발 가능
조사 시간	보통	빠름	보통	추적자 분포에 따른 대기로 길어짐	느림
분해능	1–5 mm	0.1 mm	0.25 mm	5–15 mm	0.3–1 mm

그림 A1이 위와 같은 검사를 위해 병원에서 발부되는 안내서들이다.

여기서 CT는 엑스선 투과 컴퓨터 단층 촬영법(X-ray transmission computerized tomography)을 의미하며 기본적으로는 엑스선 영상에 속한다. 여기서 tomo는 그리스어로 자른면(section)을 뜻한다. 보통 단면적(cross section)의 의미이다. 그리고 뼈 검사의 영상은 방사성핵종(radionuclides) 혹은 방사성동위원소(radio isotopes)로부터 방출되는 방사선—주로 감마선—을 이용하여 얻는다. 여기서 한 가지 알아둘 것은 CT와 더불어 핵의학에 있어 이러한 방사성동위원소의 방사선을 이용한 영상은 다수의 검출기가 동원된 특수 장치로 얻으며 그 분석은 결국 컴퓨터에 의해 이루어진다는 사실이다. 따라서 (방사선) 방출 컴퓨터화 단층 촬영(emission computerized tomography), 즉 ECT가 정확한 표현이다. 지금은 그냥 CT라 하며 C도 computed의 약자로 이해되고 있다. 방사성동위원소 영상 장치 중 PET(positron emission tomography)라는 것이 있는데 이를 양전자 방출 단층촬영법이라고 부른다. 크게 보아서 ECT의 일종으로 병원마다 **PET** 장치를 갖추었다고 하는 광고를 많이 접하게 된다. 나중 설명하기로 한다. 우선 이 영상장치들에 대한 쓰임새와 그 장단점을 알아보고 나서 이러한 영상장치들에 대한 자세한 내용을 다루기로 한다. 표 A1은 의학용 영상장치들에 대한 종류와 그 쓰임새를 정리한 표이다.

2.1 초음파(ultrasound) 진단: ultra-sonograph

초음파 진단은 음파가 물체에 부딪치면 반사되어 되돌아 나오는 원리를 이용한다. 메아리를 연상하면 된다. 산에서 큰 소리를 외쳤을 때 메아리가 들리는 것은 음파가 반대편 산에서 반사되어 나오기 때문이다. 파(sound)는 횡파와 종파로 나뉘는데 음파는 종파에 속한다. 횡파의 대표 주자는 빛이다. 파는 속성상 파장 혹은 진동수로 나타내며 진동수나 파장의 영역에 따라 이름을 달리하여 부른다. 여기서 초음파라 하면 사람이 들을 수 있는 음파의 영역보다 진동수가 높은 음파를 말한다. 보통 초당 2만 번—이를 20 kHz로 표기한다—이상의 음파가 이에 속한다.

그러나 초음파 검사에 쓰이는 음파는 이보다 훨씬 높은 파로 보통 1~50 MHz이다. 여기서 M은 백만을 뜻한다. 이러한 초음파를 우리 몸의 피부에 쏘이면 피부 혹은 피부 안의 특정 부위에서 음파가 반사되고 이 반사된 음파를 전기적 신호로 바꾸어 영상을 만들어 낸다. 이때 음파를 전기적 신호로 바꾸는 데 사용되는 물질이 압전성 결정(piezoelectric crystal)이다. 우리가 귀로 소리(음파)를 받아 그 소리를 인식되는 것은 소리 신호가 전기 신호로 바뀌고 신경전달 물질을 통하여 뇌의 뉴런 조직에 도달하기 때문이다. 이러한 역할을 하는 장치를 보통 변환기(transducer)라 하며 귀에는 음향변환기라는 특정의 세포(단백질 분자)가 존재한다. 우리가 영상을 얻는 것도 마찬가지이다. 즉 눈을 통해 들어온 빛(이종의 전파)이 망막에 도달하면 빛의 전파가 전기적 신호로 바뀌어지고 이 신호가 뇌의 영상 뉴런에 도달하여 시각을 얻는 것이다. 여기서 공통점이 결국 **전달 신호는 모두 전기적인 신호(펄스)**라는 점이다. 초음파는 물론 모든 파들은 물체에 도달하면 반사하거나 흡수가 되는데 흡수 능력에 따라 물질의 반사율이 다르다. 이러한 다른 반사율 혹은 흡수율에 의해 명암성(contrast)이 생기며 영상이 만들어진다. 흡수율, 즉 반사율은 물질의 밀도와 밀접하게 연관된다.

이러한 초음파에 의한 물체 영상을 잡는 것은 세계 대전 때 잠수함을 잡을 때 사용된 초음파 탐지기가 유명하다. 즉 배에서 발사된 초음파가 바다 속에 있는 잠수함의 표면에 도달하면 반사되어 나오는 음파로 그

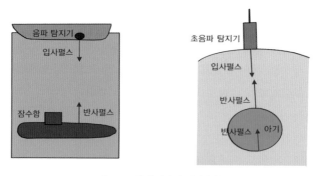

그림 A2 초음파 영상과 진단의 원리.

위치를 식별하는 것이다. 음파 탐지기의 원리와 임신 중인 엄마 뱃속의 아기를 촬영하는 초음파 탐지기의 원리를 그림 A2를 통하여 나타내었다.

반사된 거리는, 거리 = 속도×시간의 원리에 의해 계산된다. 여기서 거리는 왕복 거리이다. 우리가 병원에서 초음파를 찍을 때는 탐지기를 스캔하는 형식으로 영상을 얻는다. 혈액의 흐름 등의 정보는 소위 도플러 효과를 이용하며 이를 도플러 영상이라고 부른다. 도플러 효과는 달려오는 자동차의 경적소리가 속도에 따라 달라지는 원리이다. 더 자세한 설명은 전문 지식을 요한다.

2.2 엑스선(X-ray) 진단

엑스선은 빛의 일종으로 가시광선보다 훨씬 높은 에너지를 가진다. 이러한 높은 에너지를 가진 엑스선은 신체 내부를 뚫고 들어갈 수 있으며 이로 인해 신체 내부의 영상을 얻는 데 사용된다. 아울러 암세포를 파괴시키는 능력도 갖고 있어 치료용으로도 사용된다.

우리는 이러한 엑스레이를 이용한 촬영에 익숙해져 있다. 폐는 물론 갈비뼈가 나와 있는 영상을 본 적이 있을 것이다(그림 A3). 이는 엑스선이 피부를 통과하여 폐를 관통하고 갈비뼈에서는 관통하지 못하여 엑스선, 즉 빛의 명암 차이가 영상으로 재현된 결과이다.

엑스선은 아주 빠른 전자가 물체에 부딪치며 발생되는 원리로 생산된다. 그리고 전자는 소위 전자총이라고 하는 장치로 발생시키는데 보통

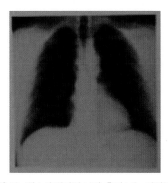

그림 A3 엑스선 영상의 보기. 흔히 보는 사진이다.

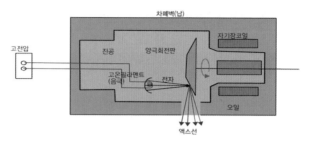

그림 A4 진단용 엑스선 발생장치의 개략도. 일종의 엑스선 관이다.

텅스텐 필라멘트에 고전압을 가하여 만든다(그림 A4).

이와 같이 발생된 전자를 열전자라고 부른다. 이러한 열전자가 양극으로 연결된 표적에 부딪치면 엑스선이 발생한다. 전자의 대부분의 에너지는 사실 표적 물질의 열로 사라지고 극히 작은 영역만이 엑스선을 발생시키는 역할을 한다. 그림 A4에서 표적 판을 회전시키는 것은 전자가 때린 부분은 온도가 상당히 높기 때문이며 따라서 고정되어 있다면 물질이 녹아버릴 수 있기 때문이다. 오일은 열을 식히는 역할과 함께 전류의 흐름을 차단시키는 몫을 담당한다.

엑스선에 의한 영상은 엑스선이 물질 내에서 에너지에 따라 그 세기가 약해지는 감쇠율을 이용한다. 엑스선이 매질 내에서 감쇠되는 데는 세 가지 반응에 의해 일어난다. 첫째, 광전 효과, 두 번째가 콤프턴 산란, 마지막으로 쌍생성 작용이다. 그리고 에너지가 낮은 경우에는 단순 산란이 일어난다. 이러한 작용은 모두 매질의 종류에 따라 다른데 더 근본적으로는 원자의 종류에 따라 다르다. 여기에서는 더 자세한 것은 삼간다. 영상에 가장 민감하게 적용되는 반응은 광전효과이다. 왜냐하면 원자번호에 따라 그 감쇠율이 뚜렷하게 다르기 때문이다. 뼈의 매질에서 엑스선이 쉽게 흡수되는 것, 다시 말해 감쇠율이 높은 것은 이러한 광전효과 때문이다. 따라서 열전자의 에너지는 엑스선이 콤프턴 산란이 일어나는 데 적합한 에너지가 되도록 조절하게 된다. 보통 전압을 60−125 kV 범위에서 조절되는데 일반적으로 70 kV가 가장 널리 사용된다. 표 A2는 일반적 조사 대상에 따른 엑스선관의 조건과 조사 시간이다.

표 A2 엑스선 조사에 따른 전압, 전류의 조건과 쐬는 시간.

조사 대상	전압/kV	전류/mA	쐬는시간/s
가슴	80	400	0.01
골반 및 복부	70	400	0.1
두개골	70	400	0.05
손	60	300	0.01
유방	30	300	0.25

표 A3 여러 가지 매질에서의 엑스선의 감쇠율과 이에 따른 필름에서의 명암비.

매질	감쇠율	필름에서의 명암비
공기	무시	검정
지방	작음	진한 회색
연조직	중간	회색
뼈	높음	흰색

그런데 엑스선 촬영 시 엑스선의 에너지는 보통 30 keV인데 이 정도의 에너지는 엑스선의 영역에서는 낮은 에너지에 속한다. 앞에서 잠간 언급했지만 에너지가 낮을 경우에는 엑스선이 단순히 부딪치며 그 에너지를 간직한 채 다른 방향으로 튀어 나갈 수 있다. 이러한 탄성 산란된 엑스선에 의해 피부 근처에서는 세포들이 쉽게 파괴되기도 한다. 이것이 치료 과정에서 나타날 수 있는 피부암 발병의 원인이다. 표 A3은 몇 가지 매질에서의 엑스선의 감쇠율과 그에 따른 명암비를 나타낸다.

2.3 CT(엑스선 컴퓨터 단층—촬영; X-ray transmission Computerized Tomography)

정확한 명칭은 엑스선 투과 컴퓨터화 단층촬영법이다. 보통의 엑스선 진단에 의해서는 신체 내부의 조직에 대한 입체적 영상은 얻을 수 없다. 엑스선 영상은 우리가 카메라로 찍는 사진과 사실상 다름없다. 그러면 신체 내부의 특수 부위에 대한 3차원 영상은 어떻게 얻을 수 있을까? 그것은 엑스선을 한 방향으로가 아니라 여러 가지 방향으로 쐬이는 방법

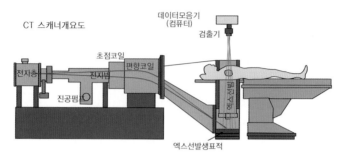

그림 A5 진단용 엑스선 발생장치의 개략도. 일종의 엑스선 관이다.

을 이용하면 가능하다. 이러한 경우에는 영상을 얻는 것이 복잡하여 컴퓨터화를 시켜 만드는데 이를 CT라고 부른다. 이미 언급을 한 바가 있지만 C는 컴퓨터의 의미인 computed 더 정확하게는 computerized이고 T는 tomography의 약자이다. 그러나 더 정확한 용어는 엑스선 투과 컴퓨터 단층촬영(X-ray transmission computerized tomography)이다. CT에서는 film을 쓰는 것이 아니라 엑스선을 직접 감지하여 그 에너지를 판별할 수 있는 검출기를 사용하게 된다. 이러한 검출기는 사실 핵물리학 실험에서 주로 사용되는데 지은이도 이러한 검출기를 사용하여 원자핵에서 나오는 감마선이나 엑스선을 측정하여 핵의 구조를 연구하고 있다. 그림 A5는 CT 중 가장 간단한 모델의 일종으로 스캔하는 방법으로 영상을 얻는 장치를 보여주고 있다. 3차원의 정교한 영상을 얻기 위해서는 상하 좌우로 스캔하여야 하는데 그럴수록 엑스선의 조사량은 많아지며 그 만큼 정상 세포를 파괴시켜버리는 위험성이 커지게 된다.

2.4 조영제(artificial contrast medium)

병원에서 나누어준 검진표에 보면 CT 등에 있어 조영제라는 용어가 나온다. 말 그대로 명암비를 강화시켜주는 매질이라는 의미이다. 사실 엑스선에 의한 영상에 있어 뼈 같은 경우는 뚜렷이 찍힐 수 있으나 연조직 같은 것은 뚜렷이 구별되어 찍히는 것이 어렵다. 이때 사용되는 물질이 조영제인데 이는 엑스선을 잘 흡수하는 매질이다. 보통 바륨(Ba)이 사용되며 혈액 조직, 위나 창자 등의 촬영 시에 이용된다.

2.5 MRI(자기공명영상; Magnetic Resonance Imaging)

'자기공명영상'의 영어 약자이다. 그런데 실제적으로 이 이름은 NMR (Nuclear Magnetic Resonance)에서 출발한다. 이른바 '핵자기 공명'이 원래 이름인데 나중 의료계 혹은 산업계에서 '핵'이 주는 부정적인 이미지를 벗어던지기 위해 살짝 Nuclear라는 단어를 빼 버린 결과이다. 이는 '원자력 발전소'라는 이름이 생겨난 것과 비슷하다. 원래는 원자력이 아니라 핵력이 맞고 따라서 핵발전소라고 해야 하는데 이 역시 '핵폭탄'의 부정적인 이미지를 불식시키고자 원자라는 단어를 가져다 쓴 것이다. 물론 핵 자체가 원자의 씨, 즉 원자핵을 의미하므로 원자라는 단어를 쓰는 것도 맞는 듯하다. 그러나 에너지라는 측면에서 보면 엄연히 구분되어야 한다. 원자가 갖고 있는 에너지에 비해 원자핵이 갖고 있는 에너지는 그 수십만 혹은 수백만 배에 달하기 때문이다. 태양에너지도 사실상 이러한 핵에너지로부터 나온다.

원리는 그림 A6과 같다. '자기(磁氣)'는 말 그대로 자석과 같은 성질을 말한다. 양성자 하나하나가 자석과 같다. 자기적인 성질은 전하를 띤 입자가 움직일 때 나타나는 현상으로 자석 역시 그 물질을 이루는 기본 입자 중 전자들의 고유 운동과 관련이 된다. 이러한 고유 운동은 지구의 자전 운동처럼 본래 타고 난 것이며 이를 '스핀'이라고 부른다. 이때 나타나는 자석의 크기를 전문 용어로 '스핀자기모멘트'라고 한다. 이러한 자기모멘트는 물론 외부로부터 자기장을 걸어 주면 즉각 반응을 일으킨

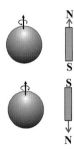

양성자는 스핀이라는 운동을하고 있으며
오른쪽 스핀과 왼쪽스핀 두 가지가 존재한다.
스핀에 의하여 양성자는 자석과 같은 성질을
가진다.

그림 A6 수소의 핵인 양성자와 그 스핀의 모습. 스핀에 의해 양성자는 자석과 같은 성질을 갖는다. 스핀에는 두 가지 종류가 있다.

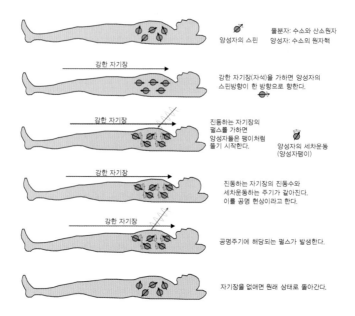

물분자: 수소와 산소원자
양성자의 스핀
양성자: 수소의 원자핵

강한 자기장

강한 자기장(자석)을 가하면 양성자의
스핀방향이 한 방향으로 향한다.

강한 자기장

진동하는 자기장의
펄스를 가하면
양성자들은 팽이처럼
돌기 시작한다.

양성자의 세차운동
(양성자팽이)

강한 자기장

진동하는 자기장의 진동수와
세차운동하는 주기가 같아진다.
이를 공명 현상이라고 한다.

강한 자기장

공명주기에 해당되는 펄스가 발생한다.

자기장을 없애면 원래 상태로 돌아간다.

그림 A7 핵자기공명 현상. 몸 안에 있는 물분자 중 수소원자 핵에 해당되는 양성자는 외부에서 아무런 자기장이 없으면 스핀 방향이 멋대로 분포되어 있다. 외부에서 한 방향으로 자기장(자석)을 걸어주면 양성자들의 스핀 방향이 자기장의 방향으로 정렬된다. 자석과 자석을 가져다 실험해보면 이해가 될 것이다. 이 자기장에 주기적으로 다르게 약한 자기장을 걸어주면 양성자는 팽이처럼 세차운동을 하게 되는데 이러한 세차운동의 방향은 두 가지로 되고 그 두 가지는 에너지를 다르게 갖는다. 이 에너지 차이가 곧 공명을 일으키는 에너지에 해당된다. 이때의 진동수는 42.5 MHz로 라디오파의 영역이다. 그리고 자기장의 세기는 보통 1 테슬라 정도이다.

다. 그러한 반응은 그네를 타고 있을 때 그 그네가 돌아오는 주기에 정확히 맞추어 밀어주면 그네의 폭이 점점 커지는 원리와 같다. 이를 공명 반응이라고 부른다.

그러면 어째서 이러한 핵자기공명 현상이 우리 몸의 구조를 파악하는 데 이용되는 것일까? 그림 A7을 보면서 설명하겠다. 우리 몸의 대부분은 물분자로 이루어져 있다. 그리고 물분자는 수소와 산소원자로 구성되어 있다. 여기서 중요한 것이 수소원자이다. 수소원자 중 70%가 물에 20% 정도는 지방 나머지는 단백질에 분포된다. MRI는 수소원자의 씨에 해당되는 양성자의 스핀모멘트를 외부 자기장을 걸어주어 공명을 일으키게 하여 몸 안에 분포되어 있는 분자들의 분포를 알아내는 것이다. '암'세포가 있는 부분은 탄소원자가 많이 분포하고 물분자의 분포가 정상 세포에 비해 다르게 되어 있다. MRI는 이러한 차이를 알아내는 것이다. 아울러 뇌의 작동에 있어 미세한 흐름 역시 이러한 핵자기 공명에 의해 감지될 수 있으며 뇌의 기능성에 대한 지도를 작성하는 데 결정적 역할을 한다. 자석은 전류의 흐름과 같다. 초등학교 시절 에나멜선을 못에 감고 건전지를 통하여 전류를 흐르게 하면 자속이 된다는 실험을 해보았을 것이다. 핵자기공명 장치, 즉 MRI 역시 전류를 통하여 강력한 자기장을 만드는 영상 장치이다. 따라서 이 촬영 장치에 들어가기 전에 **몸에 쇠붙이가 있으면 위험**하게 된다. 이제 이해가 갈 것이다. 상상 이상으로 큰 전류를 걸어주어야 하며 에너지 소모가 큰 장치에 해당된다. 따라서 고가의 장치이기도 하다.

2.6 방사성동위원소 영상법(Radioisotopes Imaging)

방사성동위원소는 의학에서 다양하게 응용되고 있다. 특히 진단용으로 각광을 받고 있는데 그 이유는 신체의 기능면을 촬영할 수 있기 때문이다. 여기서 다루는 진단용 방사성동위원소는 감마선을 방출하는 동위원소이다. 이미 앞에서 몇 번 언급을 했지만 감마선인 경우 에너지가 아주 높은 빛의 일종으로 투과력이 강하다. 방사성동위원소를 몸속으로 투여하면 몸속에서 감마선이 나오고 그 감마선을 밖에서 검출하게 되면 몸 안의 위치를 알게 된다. 따라서 이러한 영상법을 방사선 방출 컴퓨터 단층 촬영(emission computed tomography)이라고 부른다. 앞에서 언급을 이미 하였다.

이러한 의미로 몸속으로 투여되는 방사성동위원소를 방사성 추적자 (radioactive tracer)라고 부른다고 하였다. 방사성 추적자는 보통의 화학 혼합물에 붙여 몸속으로 투여되는데 이에 따라 몸의 기능적 체계에 의해 가령 혈류의 흐름을 따라 추적자가 돌아다니게 된다. 그러면 몸속에서 나온 감마선을 감마카메라라고 부르는 장치를 이용하여 검출하고 검출된 신호를 디지털화시키는 컴퓨터에 의해 몸속의 영상을 만들어 낸

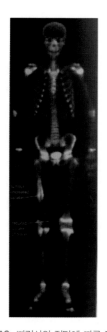

그림 A8 뼈검사의 진단에 따른 전체 몸의 영상. 이 환자인 경우 오른쪽 무릎 근처에서 방사성동위원소 추적자의 흡수가 크다는 것을 알 수 있으며 이는 종양 때문이다. 이와 반면에 무릎 관절 근처에서는 그러한 흡수가 줄어든 모습을 보인다. 아울러 그림 6.23을 보기 바란다.

다. 그림 A8이 이러한 방법으로 찍어 낸 인체 전체에 대한 영상이다. 그리고 앞에서 보여주었던 뼈검사 진단소개용 그림을 다시 보아주기 바란다. 여기서 추적자는 뼈에 집중되어 있음을 알 수 있다.

여기서 다루는 방사성동위원소는 반감기라는 값을 가지고 있는데 이는 방사선을 방출하면서 다른 원소로 변화하는 데서 나오는 물리적인 양이다. 예를 들면 추적자로 쓰이는 방사성동위원소 중 붕소-18(^{18}F)은 2시간, 테크네튬-99(^{99m}Tc)는 6시간, 요오드-131(^{131}I)은 8일간의 반감기를 가진다.

이제 그림 A9를 보자. 질량수가 99인 핵종들의 베타 붕괴과정을 그리고 있다. 몰리브덴(Molibdenum)-99는 반감기 66시간을 가지고 테크네튬-99로 붕괴된다. 그런데 테크네튬-99인 경우 m의 기호가 더 있다는 것을 알 수 있다. 이는 테크네튬 핵 중 **아이소머**임을 의미한다. 즉 m은 meta-stable, 즉 준안정적이라는 의미인데 테크니튬의 들뜸 에너지 준위 중 특히 안정적인 것을 의미하고 보통 우리 같은 전문가인 경우 이를 아이소머라고 부른다. 이러한 원자핵의 아이소머는 감마선만 방출하는 경우가 많아(테크네튬인 경우 143 keV) 이렇게 방사성 추적자로 이용되는 데 아주 적합하다. 아주 비율이 낮기는 하지만 이 아이소머 상태는 또한 루테늄으로 베타 붕괴를 하기도 한다. 본문에서 다루었던 알루미늄-26을 다시 보기 바란다. 테크네튬의 바닥상태는 반감기가 무려 20만 년에 달한다. 결국 안정 동위원소인 루테늄-99

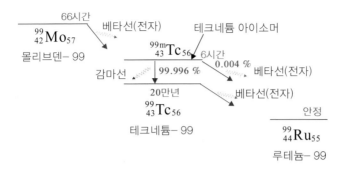

그림 A9 테크네튬−99(^{99}Tc)가 포함된 방사성핵종들의 변환도. 시간은 반감기를 뜻한다.

에서 방사성붕괴는 끝난다.

테크네튬−99는 어미핵인 몰리브덴−99로부터 생성이 되는데 실제적으로도 이 몰리브덴 방사성 시료를 가지고 사용된다. 즉 몰리브덴 방사성핵종을 가속기를 이용하여 만들고 이를 재빨리 병원으로 이동시켜 사용한다. 만약 몰리브덴 1 g이면 66시간이 지난 후 0.5 g의 테크네튬이 형성된다. 여기서 중요한 것이 몰리브덴과 테크네튬은 전혀 다른 원소이며 따라서 화학적 성질이 다르다는 사실이다. 이를 이용하여 두 방사성 원소를 화학적으로 분리하여 사용한다. 감마선은 감마선 검출기로 측정이 되는데 병원에서는 이러한 감마선 측정 장비를 감마선 카메라로 불린다.

방사성 진단 중 중요한 것이 뼈검사이다. 병원의 진료실에 가면 감마카메라라고 하는 푯말을 볼 수가 있다. 그것이 감마선을 검출하는 일종의 감마선검출기로 그림 A10과 같은 구조로 되어 있다. 여기서 나오는 NaI(Tl)는 탈륨이 섞인 요오드화나트륨 검출기라고 하여 핵물리실험실에서 흔히 사용되는 검출기이다. 지은이도 핵구조 연구를 위한 실험을 하면서 감마선을 검출할 때 이 종류의 검출기를 자주 사용하여 왔다. 그러나 이러한 NaI 검출기는 에너지 분해능이 좋은 편이 아니다. 보다 더 정교하게 감마선을 분리하는 검출기는 반도체 게르마늄(Ge) 결정을 사용한 측정 장치이다. 아주 고가의 장비에 속하며 액체 질소로 냉각시켜 주어야 작동이 된다. 핵물리 실험실에서는 주로 이 검출기를 사용하여

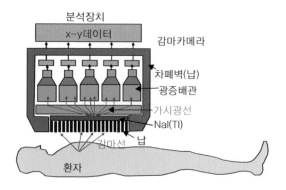

분석장치
x-y데이터
감마카메라
차폐벽(납)
광증배관
가시광선
NaI(Tl)
감마선
납
환자

그림 A10 감마카메라의 구조. 환자의 몸 밖으로 나온 감마선을 x 방향과 y 방향으로 측정하여 영상을 얻는다.

감마선을 측정한다.

최근에 사용되는 영상은 주로 PET/CT에 의한 방법이다. 여기서 PET는 양전자 방출 단층촬영(Positron Emission Tomography)을 의미한다. 그리고 정맥 주사에 의해 투여되는 방사성약품을 FDG라고 부른다. 여기서 F는 붕소(Fluorine)를 의미하는데 이 원소 중 방사성핵종인 붕소-18(^{18}F)이 사용되기 때문이며 이 방사성 원소를 포도당과 유사한 탈산포도당(deoxyglucose)에 소량 첨가하여 만든 것이 FDG(Fludeoxyglucose)이다. 보다 정확한 표기는 ^{18}F-FDG이다. ^{18}F는 반감기가 정확히는 109.77분이며, 이를 $T_{1/2}$ = 109.77 m로 표기한다. FDG를 주사하고 나서 1-2시간이 지나면 온 몸에 퍼지게 되고 방출되는 방사선 및 CT 촬영이 PET/CT 기(scanner)에 의해 이루어진다. 암세포는 포도당 분자와 잘 결합하는데 이로 인해 종양세포가 있는 곳에서는 FDG가 많이 축적이 되고 결국 영상에서 다르게 나타난다.

여기서 양전자라 함은 전자와는 물리적 성질이 같으나 다만 전기적인 성질이 반대인 다시 말해 전자의 반입자이다. 이미 여러 번 나왔었다. 이 양전자는 자연계에서는 안정적으로 존재하지 않으며 주로 베타선 방사성동위원소에서 나온다. 이 양전자가 물질에 닿으면 물질 내에 있는

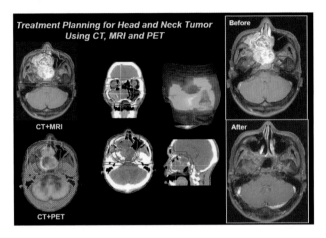

그림 A11 CT, MRI, PET에 의한 영상들. 방사선에 의한 암치료 전에 정확한 위치와 상태를 파악하는 것은 대단히 중요한 진단이다. 오른쪽 영상은 엑스선에 의한 것이 아니라 탄소 빔을 사용하여 치료된 결과를 보여주고 있다. 일본에 있는 전문 암센터의 중이온 가속기(일본 국립 방사선과학 연구소: National Institute of Radiological Sciences, NIRS)에 의한 것이다.

전자와 짝이 맞아 금방 사라져 버리며 에너지를 방출하게 되는데 이 에너지가 아주 높은 빛인 감마선 형태로 나온다. 따라서 양전자가 몸속의 조직 분자에 있는 전자들과 만나면 곧바로 두 개의 감마선이 방출된다. 이때의 에너지는 511 keV이며 서로 180도 각도로 나오는데 이 두 개의 감마선을 동시에 검출하게 되면 방출된 위치가 정확하게 판명될 수 있다. 주로 뇌 속의 모습을 정교한 영상으로 얻고자 할 때 사용된다. 그림 A11을 보면 암 부위의 영상을 CT와 PET의 합성으로 하여 보다 더 정확한 암의 위치를 찾아낸다는 사실을 알 수 있다. 수술하는 데 보다 더 정확한 정보를 얻기 위한 것이다.

우리는 앞에서 의학에서 사용되는 방사성 진단에 사용되는 핵종들이 어느 부위에 사용되는지를 보여주는 인체 지도(그림 6.23)를 이미 본 바가 있다. 표 A4에 그림 6.23에서 표시된 핵의학 진단에 쓰이는 핵종들 중 대표적인 것을 골라 정리해 놓았다.

표 A4 의학 영상에 쓰이는 방사성동위원소 및 그 조사 기능. 반감기들은 주로 몇 시간에서 며칠에 해당된다.

조사 기관	방사성 추적자	조사 내용
뼈	^{99m}Tc ^{45}Ca	뼈의 신진대사 및 암 위치 판별 칼슘 흡수 연구
갑상선	^{123}I ^{99m}Tc ^{131}I	갑상선 크기 사정평가(evaluation) 감상선 기능 평가(assessment) 감상선암 치료
간	^{99m}Tc	폐의 질병 및 피 공급의 무질서 연구
심장 및 혈류	^{99m}Tc ^{201}Tl	표식적혈구에 의한 심장박동, 혈관 크기 및 순환 검사, 혈전증 식별. 심장근육 기능
폐	^{133}Xe ^{99m}Tc	표식에어로졸에 의한 통풍 연구 혈류 모니터
신장 및 방광	^{99m}Tc	피와 오줌의 흐름
뇌	^{99m}Tc ^{123}I ^{15}O, ^{18}F (PET)	뇌의 혈류 와 기능 치매 진단, 타박상 진단 모니터 약에 대한 뇌의 수용성과 반응
종양	^{18}F, ^{68}Ga, ^{111}In, ^{123}I, ^{201}Tl	종양 위치 추적자

3. 방사성동위원소와 방사능

원자핵은 같은 원자번호를 가지면서도 중성자수가 다른 동위원소들이 다수 존재한다. 이들 동위원소들 중에는 원자핵이 안정적이지 못하고 입자나 광자를 방출하며 다른 핵종으로 붕괴되어 버리는 것들이 있다. 이러한 원자핵을 **방사성동위원소**라고 부르고 이 현상을 **방사성 붕괴**라고 한다고 하였다. 이때 방사성 핵들이 방출하는 입자로는 알파, 베타, 감마 등이 대표적이다.

한 방사성핵종(어미핵이라고 부름)으로 이루어진 물질이 붕괴를 시작하여 다른 핵종(딸핵이라고 부름)으로 변환되는 비율이 있는데 흔히 반감기로 주어진다고도 하였다. 만약 어미핵 1 g이 0.5 g으로 줄어들며 딸핵 0.5 g을 만들 때까지의 시간에 해당된다. 그리고 **방사능**(radioactivity)은 시간에 따른 시료의 붕괴율이며 초당 한 번의 비율로 떨어지는 단위를 **베끄렐**(Becquerel, Bq)이라고 한다.

방사선과 인체의 영향

자외선을 쬐이게 되면 위험하다고 한다. 왜일까? 그것은 자외선의 에너지가 가시광선에 비해 높아 피부를 침투하여 우리 몸을 이루는 분자의 구조를 파괴할 수 있고 이로 인해 세포가 손상을 입기 때문이다. 앞에서 언급한 방사선들인 알파, 베타, 감마선 들은 자외선과는 비교할 수 없을 정도의 높은 에너지를 갖는다. 따라서 이러한 방사선들에 노출이 되면 세포들이 파괴되어 심각한 피해를 입게 된다. 이때 방사선들에 의한 인체의 영향은 방사선들의 **흡수선량**(absorbed dose)과 각 방사선들에 의한 인체의 **상대 생리학적 효과**(Relative Biological Effectiveness; RBE)와 관련이 된다. 여기서 RBE는 방사선 종류에 따른 인체 피해 효과를 말하는데 보통 방사선의 **질적인자**(Quality Factor)라고 불리운다. 따라서 흡수선량은 방사선의 양을, 질적인자는 방사선의 질적인 성질을 규정하는 방사선 단위라고 할 수 있다.

방사선의 흡수선량은 흡수되는 생체조직의 kg당 Joule의 에너지로 정의 된다. 이 단위를 gray라고 하며 Gy로 표기된다. 즉

표 A5 방사선들에 의한 인체의 생리학적 효과 인자.

방사선(Radiation)	질적인자Quality factor)
알파(α)	20
베타(β)	1
감마(γ)	1
느린 중성자	2.3
빠른 중성자	10

$$\text{흡수선량; } Gy = 1 \text{ Joule/kg}$$

이다. 한편 각 방사선들에 대한 질적인자는 표 A5와 같다. 이러한 질적 요소는 방사선들이 생체조직에서 어떠한 상호작용하는가에 대한 척도이다. 그것은 에너지에 따른 침투 깊이, 방사선들의 운동에너지에 의한 생체조직의 파괴 정도 등이다. 여기서 보면 알파 방사선의 생물학적 피해가 가장 크다는 것을 알 수 있다. 그 이유는 알파입자는 양이온을 갖고 있으면서 무겁기 때문에 세포조직을 강하게 파괴하기 때문이다. 여기서 중성자들인 경우 보통 원자력발전소의 원료인 우라늄에 의한 핵반응으로부터 다량 생산된다. 이러한 중성자들에 노출이 되면 상당히 위험하다는 것을 표 A5에서 확인할 수 있을 것이다. 그 이유는 중성자는 물분자에 함유되어 있는 수소원자 핵인 양성자와 충돌하는 과정에서 에너지를 쉽게 전달하고 이로 인해 조직 생체 조직이 쉽게 파괴되기 때문이다.

위에서 든 흡수선량과 생물학적인자의 곱을 **등가선량(Dose equivalent)** 이라고 한다. 이때의 단위를 시버트(sievert)라고 부르며 Sv로 표기된다. 즉

$$\text{등가선량; } Sv = \text{흡수선량} \times \text{질적인자}$$

이다. 이러한 Sv 단위는 방사선의 피해 규모를 가늠하는 기준으로 방송이나 신문 등에 종종 등장한다. 한편 'rem'이라는 단위도 쓰이는데 이 단위는 Sv와 다음과 같은 관계를 갖는다.

$$1 \text{ rem} = 0.01 \text{ Sv}$$

표 A6 방사선의 양과 인체에 끼치는 생리학적 영향.

등가선량(Sv)	생물학적 증상
20	주요 신경조직 손상에 따른 심각한 방사선 병 유발
10	피부 물집 발생
5	복부, 장내 손상에 따른 병 유발
5	눈 손상
3	피부 손상
2	골수 등에 피해
1	일시적 생식 불임 유발(여성)
0.5	혈액감소
0.1	일시적 생식능력 저하(남성)

표 A6은 방사선의 인체 흡수에 따른 생리학적 증상을 보여주고 있다. 한편 우리가 일 년 동안에 받는 자연 방사능에 의해 나오는 방사선의 양은 대략 0.002 Sv 이하이다. 자연 방사선들은 빌딩의 콘크리트(0.0004 Sv), 우주선(cosmic rays; 0.0003 Sv), 공기(0.0006 Sv), 음식물(0.0004 Sv) 등에서 발생된다.

참고 문헌

- **Medical Physics Imaging**, Joan Pope(Heinemann, Oxford, 1999).
- **The Physics of Medical Imaging**, edited by Steve Webb(IOP, Bristol, 1998).

찾아보기

기타

가속기에 얽힌 과학

별과 원소와 그리고 생명 탄생 이야기

2020년 5월 27일 1판 1쇄 펴냄
지은이 문창범
펴낸이 류원식 | 펴낸곳 (주)교문사(청문각)

편집부장 모은영 | 본문편집 유선영 | 표지디자인 유선영
제작 김선형 | 홍보 김은주 | 영업 함승형·박현수·이훈섭

주소 (10881) 경기도 파주시 문발로 116(문발동 536-2)
전화 1644-0965(대표) | 팩스 070-8650-0965
등록 1968. 10. 28. 제406-2006-000035호
홈페이지 www.cheongmoon.com | E-mail genie@cheongmoon.com
ISBN 978-89-363-2049-2 (03420) | 값 21,000원